A. Beiderwieden
Ch. Stickdorn

Personal-wirtschaft und Ausbildungs-wesen

Ein handlungsorientiertes Informations- und Arbeitsheft

2. Auflage

Stam 1680.

Euro-Hinweis:

Immer dann, wenn Verordnungen und Abkommen offiziell bereits in Euro festgelegt sind, wird dies im vorliegenden Arbeitsheft entsprechend berücksichtigt. Die Beträge, die in der Übergangsphase noch nicht in der europäischen Währung festgesetzt sind, werden bis auf weiteres in DM aufgeführt.

 www-stam.de

Stam Verlag
Fuggerstraße 7 · 51149 Köln

ISBN 3-8237-**1680**-8

Inhaltsverzeichnis

	Arbeitsblatt	Seite
Übersicht und Zeitplanung der einzelnen Lernstationen	A	6
1 Berufsausbildung		7
1.1 Duales System der Berufsausbildung		7
Brief eines Brieffreundes: Zum Ausbildungssystem in Frankreich	B.1	7
Infotext: Zum System der dualen Berufsausbildung in Deutschland	B.2	8
Antwortbrief der Schülerin/des Schülers	B.3	9
1.2 Rechte und Pflichten in der Berufsausbildung: Das Berufsbildungs-gesetz (BBiG)		10
Berufsausbildungsvertrag	B.4	10
Auszug aus dem Berufsbildungsgesetz	B.5	11
Fälle zum Berufsbildungsgesetz	B.6	12
1.3 Rechte und Pflichten in der Berufsausbildung: Jugendarbeits-schutzgesetz (JArbSchG)		14
Auszug aus dem Jugendarbeitsschutzgesetz	B.7	14
Fälle zum Jugendarbeitsschutzgesetz	B.8	15
1.4 Zusammenfassung und Ergänzung: Berufsausbildung	B.9	16
2 Ausgangsfall zur Personalplanung		18
2.1 Vorstellen der DECKER GMBH		18
Unternehmensdaten/Personalliste der DECKER GMBH	C.1	18
Produktübersicht der DECKER GMBH	C.2	20
Organigramm der DECKER GMBH	C.3	21
2.2 Probleme bei der DECKER GMBH		22
Gespräch zwischen Geschäftsführer und Verkaufsleiter	C.4	22
Produktgruppen	C.5	24
2.3 Einordnung in den Zusammenhang: Personalplanung	C.6	25
3 Personalbeschaffung		26
3.1 Interne und externe Personalbeschaffung		26
Gespräch zwischen Personalchef und Betriebsratsmitglied	D.1	26
Übersicht: Interne und externe Personalbeschaffung	D.2	27
3.2 Stellenanzeige		28
Bestandteile und Gestaltung einer Stellenanzeige (Lösung)	D.3	28
Stellenbeschreibung der Stelle „Sachbearbeitung Verkauf"	D.4	29

3.3 Bewerbung . . . . `30`

    Bewerbungsunterlagen von Michael Kreuzberg . . . . `D.5` `30`

    Bewerbungsunterlagen von Angela Bergheim . . . . `D.6` `32`

    Bewerbungsunterlagen von Werner Schröder . . . . `D.7` `34`

    Bewerbungsunterlagen von Gerhard Fischer . . . . `D.8` `36`

    Bewerbungsunterlagen von Bianca Herrmann . . . . `D.9` `38`

    Bewerbungsunterlagen von Heike Müller . . . . `D.10` `40`

    Kriterien zur Beurteilung von Bewerbungsunterlagen . . . . `D.11` `42`

3.4 Vorstellungsgespräch . . . . `43`

    Vorbereitung auf das Rollenspiel: Vorstellungsgespräch . . . . `D.12` `43`

    Auswertung: Worauf man bei einem Vorstellungsgespräch achten sollte. . . . `D.13` `44`

3.5 Zusammenfassung und Ergänzung: Personalbeschaffung . . . . `D.14` `45`

4 Personaleinstellung . . . . `46`

4.1 Rechtliche Rahmenbedingungen des Arbeitsverhältnisses . . . . `46`

    Interne Mitteilung: Aufsetzen des Arbeitsvertrages . . . . `E.1` `46`

    Anstellungsvertrag mit Tarifbindung . . . . `E.2` `47`

    Tarifvertrag (Auszüge) . . . . `E.3` `49`

    Betriebsvereinbarung . . . . `E.4` `52`

    Infotext: Rechtliche Rahmenbedingungen des Arbeitsverhältnisses . . . . . . `E.5` `53`

    Übersicht: Inhalt von Arbeitsvertrag, Tarifvertrag und Betriebsvereinbarung . . `E.6` `54`

    Anstellungsvertrag ohne Tarifbindung . . . . `E.7` `55`

    Vergleich der Arbeitsbedingungen mit und ohne Tarifvertrag . . . . `E.8` `56`

    Arbeitsgesetze (Auszüge) . . . . `E.9` `57`

4.2 Personalstammblatt . . . . `58`

    Interne Mitteilung: Erledigen von Einstellungsformalitäten . . . . `E.10` `58`

    Erstellung eines Personalstammblattes . . . . `E.11` `59`

4.3 Zusammenfassung und Ergänzung: Personaleinstellung . . . . `E.12` `60`

5 Personalentlohnung . . . . `62`

5.1 Aufbau einer Entgeltabrechnung . . . . `62`

    Schema zur Entgeltabrechnung . . . . `F.1` `62`

    Lexikon zur Entgeltabrechnung . . . . `F.2` `63`

5.2 Gehaltsabrechnung und Gehaltsliste . . . . `66`

    Interne Mitteilung: Erstellung einer Gehaltsabrechnung . . . . `F.3` `66`

    Gehaltsabrechnung für die(den) neue(n) Mitarbeiter(in) . . . . `F.4` `67`

    Lohnsteuertabelle (Auszüge) . . . . `F.5` `68`

Interne Mitteilung: Erstellung weiterer Gehaltsabrechnungen und der Gehaltsliste F.6 69

Personalstammblatt von Susanne Preisler F.7 70

Gehaltsabrechnung für Susanne Preisler F.8 71

Personalstammblatt von Joachim Brehm F.9 72

Gehaltsabrechnung für Joachim Brehm F.10 73

Gehaltsliste F.11 74

Lohnsteuer-Anmeldung für das Finanzamt F.12 75

Beitragsnachweis für die Krankenkasse F.13 76

77

5.3 Gehaltsbuchungen 77

Interne Mitteilung: Buchung der Gehälter F.14 77

Infotext: Buchung von Löhnen und Gehältern F.15 78

Grundbuch der Buchhaltung F.16 79

5.4 Zusammenfassung und Ergänzung: Personalentlohnung F.17 80

6 Personalfreisetzung 82

6.1 Kündigung und Kündigungsschutz 82

Fall: Frau Kremer wird gekündigt G.1 82

Infotext: Kündigung und Kündigungsschutz G.2 84

Prüfschema: Ordentliche Kündigung und Kündigungsschutz G.3 88

Fälle zum Kündigungsschutzgesetz G.4 89

6.2 Zusammenfassung und Ergänzung: Kündigung und Kündigungsschutz . G.5 90

7 Arbeitszeugnis 91

7.1 Einfaches und qualifiziertes Arbeitszeugnis H.1 91

7.2 Wichtige Formulierungen in Arbeitszeugnissen und ihre Bedeutung 92

Fall: Frau Kremer erhält ein Zeugnis H.2 92

Bedeutung der einzelnen Formulierungen H.3 93

7.3 Zeugnisberichtigung H.4 95

7.4 Zusammenfassung und Ergänzung: Arbeitszeugnis H.5 96

Übersicht und Zeitplanung der einzelnen Lernstationen

Bitte tragen Sie die geplanten Themenbereiche sowie die jeweiligen Bearbeitungszeitpunkte
(Monate) gemeinsam mit der Lehrerin/dem Lehrer ein.

Monat:	Themenbereich:

1 Berufsausbildung

1.1 Duales System der Berufsausbildung

Brief eines Brieffreundes: Zum Ausbildungssystem in Frankreich

```
Daniel Leroc                          Paris, 5. August 20..
15, rue Mouffetard
F-75005 Paris




Schüler/Schülerin
Musterstr. 24

D-53111 Musterort


Salut liebe Schülerin/lieber Schüler aus Deutschland,

ich bin 19 Jahre alt und mache eine Ausbildung zum Verkäufer in
Paris. Da wir in unserer Schule im Politikunterricht zurzeit ver-
schiedene europäische Berufsausbildungssysteme miteinander ver-
gleichen, benötige ich ein paar Informationen über euer Aus-
bildungssystem in Deutschland.

Bei uns in Frankreich sieht das so aus:

Die meisten Schüler in Frankreich machen das Abitur und beginnen
danach überwiegend theoretische Berufsausbildungen, denn fast
alle Berufsausbildungen finden hier in staatlichen Vollzeit-
schulen statt. Diese Ausbildungen dauern in der Regel zwei Jahre.
Nur etwa 7 % der Ausbildungen werden während der gesamten
Ausbildungszeit an zwei Lernorten, nämlich der Schule und einem
Betrieb, durchgeführt.

Die Lehr- und Ausbildungspläne unserer Ausbildung werden vom
französischen Unterrichtsministerium herausgegeben. Auch die
Abschlussprüfungen sind staatlich, sie werden von der Schule
durchgeführt. Wie du siehst, spielt der Staat bei unseren Aus-
bildungen die Hauptrolle.

Wenn wir Ärger mit unseren Lehrern oder der Ausbildung haben,
können wir uns an den professeur principal, den Vertrauenslehrer
unserer Schule, wenden. Habt ihr auch einen Ansprechpartner?

Wie sieht eure Ausbildung aus? Über eine Antwort würde ich mich
sehr freuen.

Viele Grüße

Daniel Leroc
```

Arbeitsauftrag:

Stellen Sie in einem kurzen Antwortbrief (B.3) die entsprechenden Merkmale der Berufsausbildung des dualen Systems in Deutschland dar (ggf. unter Zuhilfenahme des folgenden Infotextes, B.2).

Infotext: Zum System der dualen Berufsausbildung in Deutschland

1. Wesen und Bedeutung der dualen Berufsausbildung

Die Berufsausbildung des dualen[1] Ausbildungssystems in der Bundesrepublik Deutschland findet grundsätzlich an zwei Lernorten statt: im Ausbildungsbetrieb und in der Berufsschule. Die Ausbildungsbetriebe sind Betriebe der freien Wirtschaft oder vergleichbare Einrichtungen außerhalb der freien Wirtschaft[2] und übernehmen den praktischen Teil der Berufsausbildung. Vor Beginn der Ausbildung wird dazu zwischen ausbildenden Betrieb und Auszubildenden ein Ausbildungsvertrag abgeschlossen, welcher stets bestimmte Rechte und Pflichten für beide Vertragspartner vorsieht. Für den theoretischen Teil der Ausbildung ist die Berufsschule zuständig. Der Berufsschulunterricht findet entweder an ein bis zwei Tagen in der Woche oder in längeren Blockunterrichtsphasen statt. Am Ende der Ausbildung legen die Auszubildenden eine Prüfung vor der Kammer ab und erhalten ein Abschlusszeugnis von der Berufsschule.

Rund zwei Drittel der Bewerberinnen/Bewerber für eine Berufsausbildung entscheiden sich für eine der 355 anerkannten Ausbildungen im dualen System[3]. Berufsausbildungen außerhalb des dualen Systems finden in rein schulischer Form statt (z. B. für Erzieherinnen/Erzieher).

2. Ausbildungsordnungen und Lehrpläne

Für jeden Ausbildungsberuf gibt es eine Ausbildungsordnung für den betrieblichen Teil und einen Lehrplan für den schulischen Teil der Ausbildung.

Die Ausbildungsordnungen werden gemeinsam von Bundesregierung, Arbeitnehmer- und Arbeitgeberverbänden, den Landesvertretungen sowie vom Bundesinstitut für Berufsbildung in Bonn für jeden Ausbildungsberuf erstellt und gelten mit Inkrafttreten für alle Bundesländer. Sie enthalten die offizielle Bezeichnung des Ausbildungsberufs, die Dauer der Ausbildung (zwei bis drei Jahre), die zeitliche und sachliche Gliederung der betrieblichen Ausbildungsinhalte[4] sowie Angaben zur Führung des Berichtheftes und zu Prüfungsanforderungen.

Die auf Bundesebene mit den Ausbildungsordnungen abgestimmten Rahmenlehrpläne für die Berufsschule werden von den Kultusministern der einzelnen Bundesländer anschließend in länderspezifische Lehrpläne umgesetzt. Diese liegen letztlich dem Berufsschulunterricht zu Grunde.

3. Zuständige Stellen für die Berufsausbildung

Je nach Ausbildungsberuf sind als zuständige Stellen die jeweiligen Kammern (z. B. die Handwerkskammer oder die Industrie- und Handelskammer) für die Überwachung und Koordinierung der Berufsausbildung zuständig. Darüber hinaus übernehmen die Kammern wichtige Aufgaben im dualen System, wie etwa die Beratung von Betrieben und Auszubildenden, die Durchführung von Zwischen- und Abschlussprüfungen oder überbetrieblichen Fortbildungen. Eine weitere Einrichtung der Kammern ist der sogenannte „Ausbildungsberater" als Ansprechpartner der Auszubildenden bei Fragen und Beschwerden.

4. Innerbetriebliche Interessenvertretung der Auszubildenden

In Betrieben mit mindesten fünf Arbeitnehmern, die das 18. Lebensjahr noch nicht vollendet haben oder die zu ihrer Berufsausbildung beschäftigt sind und das 25. Lebensjahr noch nicht vollendet haben, dürfen Jugend- und Auszubildendenvertretungen gewählt werden. Voraussetzung ist, dass das Unternehmen mindestens fünf Arbeitnehmer beschäftigt und im Betrieb ein Betriebsrat[5] existiert. Die Jugend- und Auszubildendenvertretung vertritt die Interessen der Jugendlichen und Auszubildenden, indem sie die Beachtung von Vorschriften zu Gunsten der Jugendlichen und Auszubildenden überwacht und Maßnahmen zu Gunsten der Jugendlichen und Auszubildenden beim Betriebsrat beantragt.

---

[1] von lat. duo >zwei<
[2] vor allem Angehörige freier Berufe (Ärzte, Rechtsanwälte usw.) sowie der öffentliche Dienst
[3] Schätzung des Bundesinstituts für Berufsbildung in Bonn, Stand 2000
[4] Die betrieblichen Ausbildungsinhalte sind im Ausbildungsrahmenplan festgehalten.
[5] Der Betriebsrat vertritt die Interessen aller Beschäftigten eines Betriebs gegenüber der Unternehmensleitung.

Antwortbrief der Schülerin/des Schülers

oder

1.2 Rechte und Pflichten in der Berufsausbildung: Berufsbildungsgesetz (BBiG)

Berufsausbildungsvertrag

zwischen dem Ausbildenden   und der/dem Auszubildenden

Fahlenhauer GmbH   Name, Vorname: Teichmann, Axel
Metallverarbeitung   Straße, Haus-Nr.:   Schildgasse 2
Frohngasse 44a   PLZ, Ort: 53225 Bonn
                                Geburtsdatum: 1985-01-15
53225 Bonn   Staatsangehörigkeit: Deutsch

Verantwortlicher Ausbilder: Name(n), Vorname(n) des(der) gesetzlichen Vertreter(s):

                                Teichmann, Hermann
    Elke Wichtig   Straße, Haus-Nr.   Schildgasse 2
                                PLZ, Ort   53225 Bonn

wird nachstehender Vertrag zur Ausbildung im Ausbildungsberuf   Sachbearbeiter im
           Verkauf   geschlossen.

Die angefügten Angaben zur sachlichen und zeitlichen Gliederung des Ausbildungsablaufs (Ausbildungsrahmenplan) sind Bestandteil dieses Vertrags.

Die regelmäßige tägliche Ausbildungszeit beträgt ___8___ Stunden. Die Probezeit beträgt ___6___ Monate. Beginn der Ausbildung ist der ___1. August 2001___ .

Der Ausbildende zahlt dem Auszubildenden eine angemessene Vergütung, diese beträgt zur Zeit monatlich brutto:

Ausbildungsjahr:	eins	zwei	drei
Vergütung:	850,00	980,00	1.250,00

Sonstige Vereinbarungen:

Der Vertrag kann nur unter den gesetzlichen Voraussetzungen gekündigt werden.

Änderungen des wesentlichen Vertragsinhalts sind vom Auszubildenden unverzüglich zur Eintragung in das Verzeichnis der Berufsausbildungsverhältnisse bei der Industrie- und Handelskammer anzuzeigen. Die Vereinbarungen dieses Vertrags werden anerkannt. Das Jugendarbeitsschutzgesetz sowie für das Ausbildungsverhältnis geltende tarifvertragliche Regelungen und Betriebsvereinbarungen sind zu beachten.

___Bonn___, den ___1. Januar 2001___

Der Ausbildende   Der Auszubildende
    i.V. Wichtig   *Axel Teichmann*

Arbeitsauftrag:
Überprüfen Sie diesen Vertrag mit Hilfe des Berufsbildungsgesetzes (§ 4; siehe B.5).

Auszug aus dem Berufsbildungsgesetz

§ 4 Vertragsniederschrift. (1) Der Ausbildende hat unverzüglich nach Abschluss des Berufsausbildungsvertrages, spätestens vor Beginn der Berufsausbildung, den wesentlichen Inhalt des Vertrages schriftlich niederzulegen. In die Niederschrift sind mindestens aufzunehmen

1. Art, sachliche und zeitliche Gliederung sowie Ziel der Berufsausbildung, insbesondere die Berufstätigkeit, für die ausgebildet werden soll,
2. Beginn und Dauer der Berufsausbildung,
3. Ausbildungsmaßnahmen außerhalb der Ausbildungsstätte,
4. Dauer der regelmäßigen täglichen Ausbildungszeit,
5. Dauer der Probezeit,
6. Zahlung und Höhe der Vergütung,
7. Dauer des Urlaubs,
8. Voraussetzungen, unter denen der Berufsausbildungsvertrag gekündigt werden kann,
9. ein in allgemeiner Form gehaltener Hinweis auf die Tarifverträge, ... die auf das Berufsausbildungsverhältnis anzuwenden sind.

(2) Die Niederschrift ist von dem Ausbildenden, dem Auszubildenden und dessen gesetzlichem Vertreter zu unterzeichnen.
...

§ 6 Berufsausbildung. (1) Der Ausbildende hat
1. dafür zu sorgen, dass dem Auszubildenden die Fertigkeiten und Kenntnisse vermittelt werden, die zum Erreichen des Ausbildungsziels erforderlich sind, und die Berufsausbildung in einer durch ihren Zweck gebotenen Form planmäßig, zeitlich und sachlich gegliedert so durchzuführen, dass das Ausbildungsziel in der vorgesehenen Ausbildungszeit erreicht werden kann,
2. selbst auszubilden oder einen Ausbilder ausdrücklich damit zu beauftragen,
3. dem Auszubildenden kostenlos die Ausbildungsmittel, insbesondere Werkzeuge und Werkstoffe zur Verfügung zu stellen, die zur Berufsausbildung und zum Ablegen von Zwischen- und Abschlussprüfungen ... erforderlich sind,
4. den Auszubildenden zum Besuch der Berufsschule sowie zum Führen von Berichtsheften anzuhalten, soweit solche im Rahmen der Berufsausbildung verlangt werden, und diese durchzusehen,
5. dafür zu sorgen, dass der Auszubildende charakterlich gefördert sowie sittlich und körperlich nicht gefährdet wird.

(2) Dem Auszubildenden dürfen nur Verrichtungen übertragen werden, die dem Ausbildungszweck dienen und seinen körperlichen Kräften angemessen sind.

§ 7 Freistellung. Der Ausbildende hat den Auszubildenden für die Teilnahme am Berufsschulunterricht und an Prüfungen freizustellen. Das gleiche gilt, wenn Ausbildungsmaßnahmen außerhalb der Ausbildungsstätte durchzuführen sind.

§ 8 Zeugnis. (1) Der Ausbildende hat dem Auszubildenden bei Beendigung des Berufsausbildungsverhältnisses ein Zeugnis auszustellen. ...

(2) Das Zeugnis muss Angaben enthalten über Art, Dauer und Ziel der Berufsausbildung sowie über die erworbenen Fertigkeiten und Kenntnisse des Auszubildenden. Auf Verlangen des Auszubildenden sind auch Angaben über Führung, Leistung und besondere fachliche Fähigkeiten aufzunehmen.

§ 9 Verhalten während der Berufsausbildung. Der Auszubildende hat sich zu bemühen, die Fertigkeiten und Kenntnisse zu erwerben, die erforderlich sind, um das Ausbildungsziel zu erreichen. Er ist insbesondere verpflichtet,
1. die ihm im Rahmen seiner Berufsausbildung aufgetragenen Verrichtungen sorgfältig auszuführen,
2. an Ausbildungsmaßnahmen teilzunehmen, für die er nach § 7 freigestellt wird,
3. den Weisungen zu folgen, die ihm im Rahmen der Berufsausbildung vom Ausbildenden, vom Ausbilder oder von anderen weisungsberechtigten Personen erteilt werden,
4. die für die Ausbildungsstätte geltende Ordnung zu beachten,
5. Werkzeug, Maschinen und sonstige Einrichtungen pfleglich zu behandeln,
6. über Betriebs- und Geschäftsgeheimnisse Stillschweigen zu wahren.

§ 13 Probezeit. Das Berufsausbildungsverhältnis beginnt mit der Probezeit. Sie muss mindestens einen Monat und darf höchstens drei Monate betragen.

§ 15 Kündigung. (1) Während der Probezeit kann das Berufsausbildungsverhältnis jederzeit ohne Einhalten einer Kündigungsfrist gekündigt werden.

(2) Nach der Probezeit kann das Berufsausbildungsverhältnis nur gekündigt werden
1. aus einem wichtigen Grund ohne Einhalten einer Kündigungsfrist,
2. vom Auszubildenden mit einer Kündigungsfrist von vier Wochen, wenn er die Berufsausbildung aufgeben oder sich für eine andere Berufstätigkeit ausbilden lassen will.

(3) Die Kündigung muss schriftlich und in den Fällen des Absatzes 2 unter Angabe der Kündigungsgründe erfolgen.

(4) Eine Kündigung aus einem wichtigen Grund ist unwirksam, wenn die ihr zu Grunde liegenden Tatsachen dem zur Kündigung Berechtigten länger als zwei Wochen bekannt sind. ...

§ 20 Persönliche und fachliche Eignung. (1) Auszubildende darf nur einstellen, wer persönlich geeignet ist. Auszubildende darf nur ausbilden, wer persönlich und fachlich geeignet ist.
...

Fälle zum Berufsbildungsgesetz

Arbeitsauftrag:

Prüfen Sie folgende Fälle mit Hilfe des vorangegangenen Auszugs des Berufsbildungsgesetzes (B.5) und geben Sie jeweils genau an, auf welchen Satz aus welchem Paragraphen Sie sich beziehen (Paragraph, Absatz, Satz, ggf. Punkt).

Fall 1: Beate und das Literaturlexikon.

Beate macht seit zwei Monaten eine Ausbildung als Buchhändlerin. Ihr Ausbilder, Herr Grube, hat Beate darauf hingewiesen, dass sie sich die neue Ausgabe von „Kindlers Literaturlexikon" kaufen müsse, um ihre Kundschaft besser beraten zu können.

Fall 2: Christiane möchte freigestellt werden.

Christiane teilt ihrer Chefin mit, die Handwerkskammer hätte sie zu einer überbetrieblichen Ausbildungsmaßnahme eingeladen: „Wir machen da Prüfungsvorbereitung für die IHK-Prüfung!" „Um bei der Abschlussprüfung zu bestehen", antwortet diese, „hattest du die drei Jahre Berufsschule und die Berufsschulnachmittage Zeit! Das kommt gar nicht in Frage, dass du jetzt schon wieder im Betrieb ausfällst!"

Fall 3: Anne Katrin gerät häufig in den Stau.

Nach Ablauf der Probezeit wird Anne Katrin mit der Begründung gekündigt, sie arbeite nicht diszipliniert genug. Als sie Montag morgens in einen Stau gerät und deshalb zu spät ins Büro kommt, tobt der Chef: „Du bist jetzt mehrfach zu spät gekommen. Jetzt ist Schluss! Ich schmeiße dich jetzt raus. Eine Abmahnung hast du ja schließlich schon einmal bekommen!" „Alles Quatsch", sagt ihre Freundin Astrid, „dich einfach so 'raus-schmeißen', das kann er gar nicht!"

Fall 4: Marco lernt lieber für sich.

An den Berufsschultagen geht Marco lieber zu einem Freund frühstücken. Als sein Chef von der Berufsschule erfährt, dass Marco seit Wochen fehle, stellt er ihn zur Rede. Marco meint: „Herr Müller, es bringt mir mehr, einen Tag in der Woche auszuspannen, als in der Schule herumzuhängen! Den Lernstoff bringe ich mir lieber selber bei."

Fall 5: Christoph und sein Chef sind sich einig.

Als Christoph (18), Azubi im Kleinunternehmen Schröder & Partner, seinem Chef erzählt, dass er nicht gern zur Berufsschule gehe, freut sich dieser: „Na prima! Da lernst du sowieso nur Sachen, die in unserem Unternehmen nicht so wichtig sind, weil du bei uns ja auch ganz spezielle Aufgaben bearbeitest. Von mir aus kannst du auch die anderen Berufsschultage durcharbeiten!"

Fall 6: Andrea in der Probezeit.

Andrea hat am ersten August eine Berufsausbildung zur Industriekauffrau in einer Farbenfabrik angefangen. Am zweiten Tag stellt sie sich beim Chef des Unternehmens, Herrn Melchert, vor. Nach einem kurzen Gespräch verabschiedet sich Melchert mit den Worten: „Dann halten Sie sich mal ran, Frau Brink! Sollten Sie mir in der Probezeit nämlich auf die Nerven gehen, setze ich Sie 'raus. Sie wissen doch: Draußen warten tausend andere ..."

Fall 7: Jürgen ist vorsichtig.

Jürgen liest in seinem Ausbildungsvertrag, dass innerhalb seiner viermonatigen Probezeit eine fristlose Kündigung ohne Angaben von Gründen möglich ist. In der großen Pause am ersten Berufsschultag erzählt er: „Heute ist der 5. August, das heißt: Bis Ende November sollte ich mir in meiner Firma keinen größeren Schnitzer erlauben!"

Fall 8: Bernd will kündigen.

Bernd macht eine Ausbildung zum Einzelhändler. Nach einem Jahr spricht er den Chef, Herrn Naumeier, an: „Tut mir leid, Herr Naumeier, aber ich habe ehrlich keine Lust mehr auf diesen Beruf. Mein Bruder hat auf Norderney eine Disco aufgemacht und ich kann da fortan als Discjockey arbeiten." Naumeier zeigt sich unbeeindruckt: „Hättest du deine Hausaufgaben gemacht, würdest du wissen, dass du das nach dem Berufsbildungsgesetz gar nicht darfst! Stell dir doch mal vor, was das auch für mich bedeuten würde ..."

Fall 9: Henning will kein Holz abladen.

Henning macht eine Ausbildung als Kaufmann für Bürokommunikation in der Tischlerei Griese. Immer wenn der LKW der Großhandlung Holzbohlen anliefert, muss Henning mit anpacken. Eines Tages spricht er den Chef an: „Herr Griese, ich möchte fortan nicht mehr beim Holzabladen helfen. Schließlich mache ich hier eine kaufmännische Ausbildung!" „So, mein Junge", antwortet der, „jetzt sag ich dir mal was: Wir brauchen hier jede Kraft. Außerdem musst du als Auszubildender einen Einblick in alle Tätigkeiten hier bekommen!"

Fall 10: Maike braucht dringend einen Walkman.

Maike macht ihre Ausbildung in einem HiFi-Einzelhandelsgeschäft. Sie ist erwischt worden, als sie beim abendlichen Reinigen der Regale einen Walkman aus der Auslage stehlen wollte. Frau Gerber, ihre Chefin, will Maike auf der Stelle kündigen. Maike hat auch Argumente: „Überlegen Sie doch mal, Frau Gerber. Erstens bin ich schon zwei Jahre hier, zweitens verdiene ich – gemessen an anderen Ausbildungsberufen – einen Hungerlohn und drittens müssen Sie mir nach Ablauf der Probezeit sowieso eine vierwöchige Kündigungsfrist einräumen!"

Fall 11: Tanja hat Probleme.

Tanja bekommt Ärger mit ihrem Chef: „Du sitzt den ganzen Tag da und siehst aus dem Fenster! Kümmere dich lieber um deine Arbeit!" Tanja antwortet: „Herr Schmidt, meine Probezeit ist vor drei Wochen abgelaufen. Sie können mir gar nichts!"

Fall 12: Klaus braucht keinen Ausbilder mehr.

Klaus arbeitet seit zwei Jahren als Auszubildender im Büro des Kleinunternehmens Brenner. Als ein Kunde ihn fragt, wer ihn eigentlich innerhalb des Betriebs ausbilde, antwortet Klaus: „Bis vor einem halben Jahr war Frau Gerdes dafür zuständig. Seit Frau Gerdes in Rente gegangen ist, arbeite ich eigentlich selbstständig. Außer dem Chef, der fast immer unterwegs ist, und einer Sekretärin arbeitet hier ja keiner im Büro. Das ist auch okay, ich kann jetzt alles, was ich für meinen Job hier können muss."

1.3 Rechte und Pflichten in der Berufsausbildung: Jugendarbeitsschutzgesetz (JArbSchG)

Auszug aus dem Jugendarbeitsschutzgesetz

§ 1 Geltungsbereich. (1) Dieses Gesetz gilt für die Beschäftigung von Personen, die noch nicht 18 Jahre alt sind,

1. in der Berufsausbildung,
...

§ 2 Kind, Jugendlicher. ... (2) Jugendlicher im Sinne dieses Gesetzes ist, wer 15, aber noch nicht 18 Jahre alt ist.

§ 4 Arbeitszeit. (1) Tägliche Arbeitszeit ist die Zeit vom Beginn bis zum Ende der täglichen Beschäftigung ohne die Ruhepausen (§ 11). ...

§ 8 Dauer der Arbeitszeit. (1) Jugendliche dürfen nicht mehr als acht Stunden täglich und nicht mehr als 40 Stunden wöchentlich beschäftigt werden. ...

(2a) Wenn an einzelnen Werktagen die Arbeitszeit auf weniger als acht Stunden verkürzt ist, können Jugendliche an den übrigen Werktagen derselben Woche achteinhalb Stunden beschäftigt werden. ...

§ 9 Berufsschule. (1) Der Arbeitgeber hat den Jugendlichen für die Teilnahme am Berufsschulunterricht freizustellen. Er darf den Jugendlichen nicht beschäftigen

1. vor einem vor 9 Uhr beginnenden Unterricht; dies gilt auch für Personen, die über 18 Jahre alt und noch berufsschulpflichtig sind,
2. an einem Berufsschultag mit mehr als fünf Unterrichtsstunden von mindestens je 45 Minuten, einmal in der Woche,
3. in Berufsschulwochen mit planmäßigem Blockunterricht von mindestens 25 Stunden an mindestens fünf Tagen; zusätzliche betriebliche Ausbildungsveranstaltungen bis zu zwei Stunden wöchentlich sind zulässig.

(2) Auf die Arbeitszeit werden angerechnet

1. Berufsschultage nach Absatz 1 Nr. 2 mit acht Stunden,
2. Berufsschulwochen nach Absatz 1 Nr. 3 mit 40 Stunden,
3. im übrigen die Unterrichtszeit einschließlich der Pausen.

(3) Ein Entgeltausfall darf durch den Besuch der Berufsschule nicht eintreten.

(4) - aufgehoben -[1]

§ 10 Prüfungen und außerbetriebliche Ausbildungsmaßnahmen.
(1) Der Arbeitgeber hat den Jugendlichen

1. für die Teilnahme an Prüfungen und Ausbildungsmaßnahmen, die aufgrund öffentlich-rechtlicher oder vertraglicher Bestimmungen außerhalb der Ausbildungsstätte durchzuführen sind,
2. an dem Arbeitstag, der der schriftlichen Abschlussprüfung unmittelbar vorangeht, freizustellen.

(2) Auf die Arbeitszeit werden angerechnet
1. die Freistellung nach Abs. 1 Nr. 1 mit der Zeit der Teilnahme einschließlich der Pausen,
2. die Freistellung nach Absatz 1 Nr. 2 mit acht Stunden.
Ein Entgeltausfall darf nicht eintreten.

§ 11 Ruhepausen, Aufenthaltsräume. (1) Jugendlichen müssen im voraus feststehende Ruhepausen von angemessener Dauer gewährt werden. Die Ruhepausen müssen mindestens betragen

1. 30 Minuten bei einer Arbeitszeit von mehr als viereinhalb bis zu sechs Stunden,
2. 60 Minuten bei einer Arbeitszeit von mehr als sechs Stunden.

Als Ruhepause gilt nur eine Arbeitsunterbrechung von mindestens 15 Minuten.

(2) Die Ruhepausen müssen in angemessener zeitlicher Lage gewährt werden, frühestens eine Stunde nach Beginn und spätestens eine Stunde vor Ende der Arbeitszeit. Länger als viereinhalb Stunden hintereinander dürfen Jugendliche nicht ohne Ruhepausen beschäftigt werden. ...

§ 13 Tägliche Freizeit. Nach Beendigung der täglichen Arbeitszeit dürfen Jugendliche nicht vor Ablauf einer ununterbrochenen Freizeit von mindestens 12 Stunden beschäftigt werden.

§ 14 Nachtruhe. (1) Jugendliche dürfen nur in der Zeit von 6 bis 20 Uhr beschäftigt werden.

(2) Jugendliche über 16 Jahre dürfen

1. im Gaststätten- und Schaustellergewerbe bis 22 Uhr,
2. in mehrschichtigen Betrieben bis 23 Uhr,
3. in der Landwirtschaft ab 5 Uhr oder bis 21 Uhr,
4. in Bäckereien und Konditoreien ab 5 Uhr beschäftigt werden.

(3) Jugendliche über 17 Jahre dürfen in Bäckereien ab 4 Uhr beschäftigt werden.

§ 15 Fünf-Tage-Woche. Jugendliche dürfen nur an fünf Tagen in der Woche beschäftigt werden. ...

§ 19 Urlaub. (1) Der Arbeitgeber hat Jugendlichen für jedes Kalenderjahr einen bezahlten Erholungsurlaub zu gewähren.

(2) Der Urlaub beträgt jährlich

1. mindestens 30 Werktage, wenn der Jugendliche zu Beginn des Kalenderjahres noch nicht 16 Jahre alt ist,
2. mindestens 27 Werktage, wenn der Jugendliche zu Beginn des Kalenderjahres noch nicht 17 Jahre alt ist,
3. mindestens 25 Werktage, wenn der Jugendliche zu Beginn des Kalenderjahres noch nicht 18 Jahre alt ist. ...

---

[1] Damit gelten die Absätze 1 bis 3 seit 1. März 1997 nicht mehr für Personen, die über 18 Jahre alt und noch berufsschulpflichtig sind.

Fälle zum Jugendarbeitsschutzgesetz

Arbeitsauftrag:

Prüfen Sie folgende Fälle mit Hilfe des vorangegangenen Auszugs des Jugendarbeitsschutzgesetzes (B.7) und geben Sie jeweils genau an, auf welchen Satz aus welchem Paragraphen Sie sich beziehen.

Fall 1: Sabine hat lange Arbeitstage.

Sabine (17) macht eine kaufmännische Ausbildung in einem Speditionsunternehmen. Dabei muss sie mehrfach im Monat neun Stunden täglich arbeiten. Sabine erscheint das zu lang. Ihr Chef sieht das jedoch anders: „Mit 38 Stunden in der Woche kannst du noch zufrieden sein. Dein Kollege Jens arbeitet jeden Tat acht Stunden und kommt auf insgesamt 40 Stunden pro Woche."

Fall 2: Nadine hat viele kleine Pausen.

Die Auszubildende Nadine (16) ist mit ihren Pausen nicht zufrieden, da sie ihr zu kurz erscheinen. Ihr Chef hält ihr entgegen: „Na, nun rechne mal! Du fängst um 07:30 Uhr an, hast sechs Ruhepausen von je 10 Minuten und bist um 16:30 Uhr fertig! Damit arbeitest du acht Stunden und hast deine 60 Minuten Ruhepause!"

Fall 3: Lars macht durch.

Dienstags muss der Auszubildende Lars (16) lediglich fünf Stunden arbeiten: von 07:30 Uhr bis 12:30 Uhr. Als er von seinem Chef gegen 10:00 bei einer heimlichen Zigarettenpause erwischt wird, wird der Chef ärgerlich: „Mein lieber Lars, wenn ich dich schon um 12:30 Uhr gehen lasse, dann kann ich bitte schön erwarten, dass du in diesen paar Stunden bei deiner Arbeit bleibst!"

Fall 4: Marc soll nachmittags noch einmal in den Betrieb.

Donnerstags hat Marc (16) seinen siebenstündigen Berufsschultag. Gerade an diesem Tag ist sein Arbeitgeber auf seine Mitarbeit nach dem Berufsschulunterricht dringend angewiesen. Marc stöhnt: „Nach sieben Stunden bin ich ganz schön fertig. Muss ich dann wirklich noch arbeiten?" Sein Chef beruhigt ihn: „Es wird nichts so heiß gegessen, wie gekocht. Erstens gilt das nicht für jede Woche, sondern nur, wenn der Herr Klose nicht da ist. Zweitens reicht es, wenn du erst um 16:00 Uhr kommst!"

Fall 5: Die Pausenregelung der Brand AG.

Das Industrieunternehmen Brand AG ist auf die Idee gekommen, die zweite, halbstündige Ruhepause grundsätzlich an das Ende der Dienstzeit zu verlegen. Der Personalchef argumentiert: „Wir werden damit auch dem Jugendarbeitsschutzgesetz gerecht, denn bei acht Stunden Arbeitszeit erhalten unsere Auszubildenden insgesamt ihre 60 Minuten Ruhepause. Um diese Zeit leisten die nämlich sowieso weniger."

Fall 6: Andrea soll vor der Berufsschule noch arbeiten.

Andrea (17) hat mittwochs ab 09:20 Uhr fünf Schulstunden Berufsschulunterricht. Ihr Chef besteht darauf, dass sie auch an diesem Tag um 07:30 Uhr zur Arbeit erscheint. Er begründet seine Meinung damit, dass Andrea um 09:00 Uhr den Weg zur benachbarten Berufsschule antreten und rechtzeitig zum Unterricht erscheinen könne.

Fall 7: Der Urlaub von Joachim, Claudia und Beatrice.

Joachim (15), Claudia (16) und Beatrice (17) diskutieren am Tag nach der Neujahrsparty über ihren Urlaub im neuen Jahr. Joachim meint: „Na klar haben wir alle gleich viele Urlaubstage. Wir sind doch alle Auszubildende. Schließlich gelten für uns ja auch dieselben Kündigungsfristen!"

Fall 8: Jürgen und seine Arbeitszeit.

Der Auszubildende Jürgen (17) muss um 08:00 Uhr anfangen zu arbeiten. Er hat eine halbstündige Frühstückspause und eine halbstündige Mittagspause. Um 17:00 Uhr endet sein Arbeitstag. Wie lang ist seine Arbeitszeit?

1.4 Zusammenfassung und Ergänzung: Berufsausbildung

Arbeitsauftrag:

Ergänzen Sie die folgenden Lückentexte.

---

1. Regelungen des Berufsbildungsgesetzes (BBiG)

Ausbildungsvertrag

Der Ausbildungsvertrag muss schriftlich sein und enthält in jedem Fall die _____ _____ und das Ziel der Ausbildung sowie Angaben zu deren Beginn und _____. Außerdem muss der Vertrag die Dauer der _____, der regelmäßigen täglichen Arbeitszeit sowie des _____ enthalten. Darüber hinaus sind die Zahlung und die _____ _____ Angaben über Ausbildungsmaßnahmen außerhalb der Arbeitsstätte sowie die Voraussetzungen, unter denen der Vertrag _____ werden kann, erforderliche Bestandteile des Ausbildungsvertrages.

Pflichten des Ausbildenden

Der Ausbildende verpflichtet sich,

- dafür zu sorgen, dass der Auszubildende das Ausbildungsziel in der vorgesehenen _____ erreichen kann,
- selbst auszubilden oder _____,
- die erforderlichen _____ kostenlos bereitzustellen,
- den Auszubildenden zum _____ und zum Führen der Berichtshefte anzuhalten,
- den Auszubildenden zum Besuch der Berufsschule, zu _____ _____ sowie zu Prüfungen freizustellen,
- dem Auszubildenden ein Zeugnis mit Angaben über Art, Dauer und Ziel der Ausbildung sowie über erworbene Kenntnisse und Fertigkeiten und auf Verlangen auch über _____, _____ und besondere fachliche Fähigkeiten auszustellen,
- dem Auszubildenden nur solche Verrichtungen zu übertragen, die dem Ausbildungszweck dienen und _____.

Pflichten des Auszubildenden

Der Auszubildende verpflichtet sich,

- sich zu bemühen, das _____ zu erreichen,
- seine Aufgaben sorgfältig auszuführen und die Betriebsmittel _____ _____,
- am _____, sonstigen Ausbildungsmaßnahmen und Prüfungen teilzunehmen,
- im Rahmen der Berufsausbildung den Weisungen von Weisungsberechtigten zu folgen,
- die _____ zu beachten,
- über _____ Stillschweigen zu bewahren.

Die **Probezeit** dauert mindestens _____, höchstens aber _____ Monate.

Kündigung

Die Kündigung nach der Probezeit muss schriftlich erfolgen und den _____ enthalten. Für Auszubildende gilt:

- Während _____ ist die Kündigung beidseitig fristlos und grundlos möglich.
- Nach der Probezeit ist eine Kündigung nur möglich, wenn
  – diese im gegenseitigen Einvernehmen erfolgt oder
  – ein _____ vorliegt[1] oder
  – _____ aufgegeben wird.

---

[1] Dann ist gemäß § 626 BGB keine Kündigungsfrist nötig. Ein wichtiger Grund liegt vor, wenn die Weiterbeschäftigung für eine der beiden Seiten nicht zumutbar ist. Beispiele: Tätlichkeiten, Diebstahl, Nichtzahlung der Ausbildungsvergütung.

2. Regelungen des Jugendarbeitsschutzgesetzes (JArbSchG)

Alle Auszubildenden, die noch nicht 18 Jahre alt sind, sind Jugendliche im Sinne dieses Gesetzes.

Arbeitszeit für Jugendliche

- Die Arbeitszeit für Jugendliche beträgt maximal _____ pro Woche und täglich höchstens _____, bei verkürzter Arbeitszeit an anderen Werktagen _____ Stunden. In bestimmten Ausnahmefällen sind Schichtzeiten bis zu 11 Stunden zulässig.
- Jugendliche dürfen zwar grundsätzlich nur an _____ in der Woche beschäftigt werden, jedoch sieht das Gesetz zahlreiche Ausnahmen vor (z. B. für Bäckereien).

Ruhepausen

- Ruhepausen sind Arbeitsunterbrechungen von mindestens _____.
- Bei viereinhalb bis sechs Stunden täglicher Arbeitszeit haben Jugendliche Anspruch auf mindestens _____, bei über sechs Stunden auf mindestens _____ Ruhepause.
- Ruhepausen müssen in angemessener zeitlicher Lage gewährt werden, frühestens _____ _____ nach Beginn und spätestens _____ vor Ende der Arbeitszeit.

Freizeit- und Nachtruheanspruch

- Die Beschäftigung von Jugendlichen nach Beendigung der täglichen Arbeitszeit darf nicht vor Ablauf einer ununterbrochenen Frist von mindestens _____ fortgesetzt werden.
- Zwischen _____ und _____ haben Jugendliche einen Anspruch auf „Nachtruhe" (Beschäftigungsverbot). Aber auch hier sieht das Gesetz zahlreiche Ausnahmen vor (z. B. Gastronomie, Landwirtschaft).

Bezahlter Urlaub

Der Arbeitgeber hat dem Jugendlichen bezahlten Erholungsurlaub zu gewähren. Der Jugendliche hat Anspruch auf mindestens

- _____ wenn er zu Beginn des Kalenderjahres noch nicht 16 Jahre alt ist,
- _____ wenn er zu Beginn des Kalenderjahres noch nicht 17 Jahre alt ist,
- _____ wenn er zu Beginn des Kalenderjahres noch nicht 18 Jahre alt ist.

Berufsschule, Prüfung

Der Arbeitgeber muss den Auszubildenden zum Berufsschulbesuch _____. Er darf den Auszubildenden nicht beschäftigen

- _____ Unterricht,
- an einem Berufsschultag mit mehr als _____ Unterrichtsstunden (von mindestens 45 Minuten), aber nur _____ in der Woche,
- in Berufsschulwochen mit planmäßigem Berufsschulunterricht von mindestens _____ _____, verteilt auf mindestens _____ Tage.

Auf die Arbeitszeit werden angerechnet:
- Berufsschultage mit mehr als fünf Unterrichtsstunden mit _____,
- Berufsschulwochen (wie beschrieben) mit _____,
- im Übrigen die Unterrichtszeit _____ Pausen.

Darüber hinaus hat der Arbeitgeber den Jugendlichen für die Teilnahme an Ausbildungsmaßnahmen und _____ sowie am Tag vor der _____ freizustellen.

2 Ausgangsfall zur Personalplanung

2.1 Vorstellen der DECKER GMBH

Unternehmensdaten

Die DECKER GMBH ist ein Großhandelsunternehmen der Körperpflegebranche mit Sitz in Köln. Das Unternehmen, 1979 gegründet, beliefert Drogerien, Apotheken sowie Supermärkte in ganz Deutschland.

Die DECKER GMBH verfolgt die Strategie, bestimmte Körperpflegeprodukte verschiedener Hersteller in großen Mengen zu geringen Preisen anzukaufen und anschließend dem Handel entsprechend günstig anzubieten. Der Handel greift auf diese Produkte in zunehmendem Maße zurück, um seine bestehenden Sortimente mit günstigen Produktalternativen zu ergänzen.

Die Gesellschafter und Gründer des Unternehmens, Frau Grieve, Herr Dr. Reich und Herr Zanzka, arbeiten aus verschiedenen Gründen selbst nicht mehr im Unternehmen mit. Die Geschäftsführung wurde Herrn Bosse übertragen, der das Unternehmen seit 1995 leitet.

Die wichtigsten Unternehmensdaten auf einen Blick:

Firma	DECKER GMBH	Gesellschafter:	Frau Grieve Dr. Reich Herr Zanzka
Anschrift:	Escher Str. 5 50733 Köln		
		Geschäftsführer:	Herr Bosse
Telefon: Telefax:	(02 21) 99 99 99 (02 21) 99 99 98	Mitarbeiter:	51 (davon 41 Angestellte, 10 Arbeiter); Personal- liste siehe nächste Seite
Bankverbindung:	Stadtsparkasse Köln BLZ 300 501 10 Konto Nr. 12 13 14 15		
Rechtsform:	Gesellschaft mit beschränkter Haftung (GmbH)		

Personalliste der DECKER GMBH

Averon, Jürgen Leitung Lager	Hanisch, Detlef Abteilung Verkauf	Mekelnburg, Dirk Abteilung Lager	**T**oonen, Rolf Abteilung Personal
Bär, Arne Abteilung Lager	Haseborg, Paul Leitung Absatz	Meyer, Ralf Abteilung Lager	**V**ollmann, Eduard Leitung Verkauf
Böhm, Ingo Abteilung Lager	Hedden, Heiko Abteilung Buchhaltung	Mohr, Ulrich Abteilung Verwaltung	Vosswinkel, Anja Leitung Gesamtverwaltung
Boscheck, Esther Abteilung Einkauf	Herrmann, Frank Abteilung Buchhaltung	**N**app, Hans-Georg Abteilung Verwaltung	**W**endorf, Frank Abteilung Buchhaltung
Bosse, Gerd Geschäftsführung	Hoyer, Matthias Abteilung Lager	**O**sterloh, Dieter Abteilung Lager	Winkler, Norbert Abteilung Verkauf
Brehm, Joachim Leitung Beschaffung	Hugh, Michael Abteilung Lager	**P**ersel, Michel Leitung Personal	**Z**ankmöller, Marcus Abteilung Personal
Buse, Holger Abteilung Personal	Huppke, Andrea Abteilung Verkauf	Preisler, Susanne Abteilung Einkauf	
Denker, Ingrid Abteilung Verkauf	**I**nnecken, Martin Abteilung Verwaltung	**R**eimann, Michael Abteilung Buchhaltung	
Felten, Ingrid Abteilung Personal	**K**ranz, Matthias Abteilung Werbung/PR	Reker, Elke Abteilung Verwaltung	
Fischer, Thomas Abteilung Einkauf	Kremer, Margarete Abteilung Einkauf	**S**chlüter, Mirja Abteilung Verwaltung	
Frohn, Anne Leitung Werbung/PR	Kunefke, Ralf Abteilung Lager	Schramm, Barbara Leitung Buchhaltung	
Gabbert, Angela Abteilung Buchhaltung	**L**ampe, Astrid Abteilung Lager	Seltmann, Claudia Abteilung Verwaltung	
Gillert, Ulrike Abteilung Werbung/PR	Langenbeck, Herbert Leitung Einkauf	Siebach, Hiltrud Leitung Verwaltung	
Grein, Michael Abteilung Lager	**M**uzzulini, Annette Abteilung Werbung/PR	Sommerfeld, Antje Abteilung Lager	
Haase, Thomas Abteilung Werbung/PR	Mehlich, Jochen Abteilung Verwaltung	Stechle, Michael Abteilung Verwaltung	

C.1

Produktübersicht der DECKER GMBH

A

After Sun Balsam
  ph-neutral
  ohne Konservierungsstoffe

B

Bella Duschbalsam
  mit Pflegekapseln
  für sensible Haut

Bella Sonnenmilch
  Schutzfaktor 12

Bella Sonnenmilch
  Schutzfaktor 16

C

CB Waschlotion (neu)
  Flüssigseife
  dermatologisch getestet

Clean Deo Pumpspray
  ohne Konservierungsstoffe

Clean Deoroller
  ohne Konservierungsstoffe

Clean Deozerstäuber
  ohne Konservierungsstoffe

D

Dusch & Creme
  Kombination aus
  Duschgel und
  Körperlotion

Duschmilk Derma
  für trockene Haut

F

Fresh Seife
  Ocean (erfrischend)

Fresh Seife
  Sport (vitalisierend)

G

Gall-Seife
  Spezial-Seife
  zur Fleckentfernung

H

Hand & Nail Cream
  mit Vitamin E

K

Kamillan
  Milde Feuchtigkeitscreme
  mit Kamille
  für die Hände

Kamillan
  Milde Seife mit
  Kamillenextrakt

L

Lady Beauty Soap
  mit Mandelöl

Limanin Deostift
  mit Vitamin E

Limanin Med
  Handcreme
  mit Calcium

Limanin Med
  Showergel
  ph-neutral

Limanin Med Sun
  Schutzfaktor 20
  UVA + UVB
  mit Vitamin E

M

Manabel
  Handcreme für die Nacht
  feuchtigkeitsregulierend

N

Nachfüllpack
  Showergel Fresh
  for men
  ph-neutral

S

Sanan Active
  Handcreme für
  beanspruchte Hände

Sanan Pflanzenölseife
  mit Kamillenextrakt

Showergel Fresh
  for men
  ph-neutral

Smell-Deodorant
  klassisch

Smell Deozerstäuber
  frisch

Sunblocker „30"
  Lichtschutzfaktor 30
  ohne Konservierungsstoffe

Z

Zenith Sonnenöl
  mit Kokosfett
  Lichtschutzfaktor 4

Organigramm der DECKER GMBH

Geschäftsführung
Herr Bosse

Gesamtverwaltung

Beschaffung

Absatz

Personal

Einkauf

Werbung / PR

Buchhaltung

Einkauf I

Verkauf

Verwaltung

Einkauf II

Lager

Lager
Köln-Ehrenfeld

Lager
Köln-Mülheim

oder

Urheberrechtlich geschützt. Stam 1680

C.3

Arbeitsauftrag:

Vervollständigen Sie das Organigramm der DECKER GMBH. Beachten Sie dabei:

- Nur die Leiter(innen) der drei Zentralbereiche und die der direkt untergeordneten Abteilungen sind namentlich aufzuführen.

- In den Zentralbereichen und deren direkt untergeordneten Abteilungen ist die Anzahl der der jeweiligen Leitung unterstellten Mitarbeiter auszuweisen.

2.2 Probleme bei der DECKER GMBH

Gespräch zwischen Geschäftsführer und Verkaufsleiter

Herr Bosse, Geschäftsführer der DECKER GMBH, hat Herrn Vollmann zu einem Gespräch in sein Büro eingeladen.

Herr Vollmann:	Guten Morgen, Herr Bosse. Sie wollten mich sprechen?
Herr Bosse:	Ja, gut, dass Sie da sind. Setzen Sie sich doch. Kann ich Ihnen vielleicht einen Kaffee oder Tee anbieten?
Herr Vollmann:	Nein, vielen Dank!
Herr Bosse:	Also, Herr Vollmann, dann komme ich am besten gleich zur Sache. Einige unserer Kunden haben sich in der vergangenen Zeit über eine zunehmend schlechte Beratung und mangelnde Produktkenntnisse unserer Mitarbeiter aus dem Verkauf beklagt. Mir ist zu Ohren gekommen, einige Mitarbeiter Ihrer Abteilung würden sich ja nicht einmal mit unseren eigenen Artikeln auskennen. Wo ist das Problem?
Herr Vollmann:	Da muss ich meine Mitarbeiter aber in Schutz nehmen. Wir sind einfach überlastet. In den vergangenen drei Jahren haben wir ständig steigende Auftragszahlen bewältigen müssen und ja auch wachsende Umsätze erzielen können. Wie wollen Sie unter solchen Bedingungen immer eine gute Beratung ermöglichen?
Herr Bosse:	Das können wir uns aber einfach nicht leisten. Die Konkurrenz ist groß. Dann müssen unsere Mitarbeiter eben mehr an Verkaufs- und Produktschulungen teilnehmen. Eine gute Kundenbetreuung ist das A und O in unserer Branche.
Herr Vollmann:	Ich glaube nicht, dass dies der richtige Weg ist. Das Problem ist doch Folgendes: Wir haben in der Vergangenheit in immer kürzeren Abständen alte Artikel aus dem Programm genommen und neue Artikel in unser Sortiment aufgenommen. Da wundert es mich nicht, dass einige unserer Mitarbeiter nicht alle Produktinformationen parat haben und so unsere Kunden auch nicht ausreichend beraten können.
Herr Bosse:	Das mag ja alles sein. Aber nun mal Hand aufs Herz Herr Vollmann. Ich muss doch wohl von einem Mitarbeiter der Verkaufsabteilung erwarten können, dass er sich mit den Artikeln, die er verkaufen soll, auskennt. Das kann doch nicht so schwierig sein.
Herr Vollmann:	Oh, ich glaube, das sehen Sie zu einfach. Ich will Ihnen mal ein Beispiel nennen. Da ruft einer an und will wissen, ob die CB Waschlotion hautfreundlich ist. Der Nächste will wissen, wie lange man mit der Sonnenmilch mit Faktor 12 unter diesen oder jenen Voraussetzungen in der Sonne bleiben kann und dann fragen Kunden nach Substanzen in unseren Duschgels. Es ist einfach nicht mehr zu leisten, dass der einzelne Verkaufsmitarbeiter über alle Produktkenntnisse zu sämtlichen Artikeln aus unserem Hause verfügt.
Herr Bosse:	Ja, das sehe ich ein. Dann schlage ich vor, dass nicht mehr jeder aus Ihrer Abteilung alle unsere Produkte gleichzeitig betreut, sondern dass sich jeder Mitarbeiter auf einige wenige Produkte spezialisiert.

C.4

C.4

| Herr Vollmann: | Da gibt es aber dann noch folgendes Problem. Sagen wir mal, unser Mitarbeiter Herr Hanisch spezialisiert sich jetzt neben anderen Produkten, wie zum Beispiel Sonnenmilch oder Seife, auf unseren Artikel Limanin mit Duschgel. Sollte jetzt ein Kunde anrufen und wissen wollen, welches Duschgel für einen bestimmten Hauttyp am geeignetsten ist, so wird er nicht antworten können, weil sein Kollege Winkler zum Beispiel für Duschgel Dusch & Creme und Kollegin Denker vielleicht für unseren Bella Dusch-Balsam verantwortlich ist. Um sie vergleichen zu können, müsste er ja alle unsere Duschgels kennen. Um dieses Problem zu lösen, müsste meiner Meinung nach jeder Verkaufssachbearbeiter eine ganze Gruppe gleichartiger Produkte betreuen. |

Herr Bosse: Ich verstehe. Wie viel Produktgruppen würden Sie denn vorschlagen?

Herr Vollmann: Tja, das kann ich so nicht sagen. Dazu müssten wir im Verkauf erst einmal unser Sortiment auf gleichartige Produkte untersuchen. Außerdem müssten diese Produktgruppen natürlich auch ähnlich groß sein.

Herr Bosse: Dann schlage ich vor, dass Sie solche Gruppen einteilen und danach sehen wir weiter.

Arbeitsaufträge:

1. Worin sehen Sie das eigentliche Problem der Verkaufsabteilung?

_____
_____
_____
_____
_____

2. Welche Lösung wurde schließlich vorgeschlagen?

_____
_____
_____
_____
_____

3. Helfen Sie Herrn Vollmann mit bei der Einteilung des Gesamtsortiments der DECKER GMBH (siehe Produktübersicht C.2) in Produktgruppen. Versehen Sie jede Produktgruppe mit einer passenden Überschrift. Achten Sie darauf, dass die Gruppen gleichartige Produkte enthalten und alle Gruppen ähnlich groß sind. Nehmen Sie die Eintragungen auf dem Arbeitsblatt C.5 vor.

4. Vervollständigen Sie das Organigramm C.3 entsprechend.

5. Der zur Diskussion stehende Lösungsvorschlag wird dem zuständigen Leiter der Abteilung Verkauf, Herrn Vollmann, vorgeschlagen. Dieser sieht bei der Umsetzung dieses Lösungsvorschlags Personalprobleme. Welche?

_____
_____
_____
_____

23

Produktgruppen

 oder

2.3 Einordnung in den Zusammenhang: Personalplanung

Die betriebswirtschaftliche Personalplanung hat die Aufgabe, die rechtzeitige Versorgung eines Unternehmens mit genügend und angemessen qualifiziertem Personal sicherzustellen. Diese Planung muss stets mit den Zielen des Unternehmens abgestimmt sein. Grundsätzlich lassen sich folgende Prozessschritte der Personalplanung unterscheiden:

- Planung des Personalbedarfs,
- Planung der Personalbeschaffung,
- Planung der Personalentwicklung,
- Planung des Personaleinsatzes,
- Planung der Personalfreisetzung.

1. Planung des Personalbedarfs

Die Personalbedarfsplanung hat die Aufgabe, den zukünftigen Bedarf an Mitarbeitern zu ermitteln. Sie stellt die Grundlage für den betrieblichen Stellenplan dar, in dem die erforderlichen und genehmigten Stellen ausgewiesen werden. Der zukünftige Personalbestand kann durch verschiedene Verfahren ermittelt werden, welche sich entweder auf betriebliche Kennzahlen (Jahresumsatz, Arbeitsproduktivität usw.) oder auf die Stellensituation im Unternehmen beziehen.

2. Planung der Personalbeschaffung

Personalbeschaffung steht für die Versorgung des Unternehmens mit neuen Mitarbeitern. Grundsätzlich muss sich die Personalplanung zwischen der internen und der externen Personalbeschaffung entscheiden. Während mit interner Personalbeschaffung die Stellenbesetzung durch Mitarbeiter aus dem eigenen Betrieb gemeint ist, steht externe Personalbeschaffung für die Einstellung betriebsfremder Bewerberinnen/Bewerber.

3. Planung der Personalentwicklung

Die Personalentwicklung bezweckt die Anpassung der Beschäftigten an berufliche Veränderungen aller Art. Dazu zählen inner- wie außerbetriebliche Fort- und Ausbildungsmaßnahmen, aber auch Maßnahmen der Umschulung. Die außerbetrieblichen Personalentwicklungsmaßnahmen werden von Schulen, Berufsförderungswerken oder Kammern durchgeführt.

4. Planung des Personaleinsatzes

Die Personaleinsatzplanung regelt die Anpassung der Personalbesetzung an den kurz- und mittelfristigen Arbeitsanfall. Das bedeutet, dass der Personalbestand den einzelnen Betriebsbereichen räumlich und zeitlich zuzuordnen ist. In diesem Zusammenhang sind beispielsweise Schicht- oder Urlaubspläne einzuordnen.

5. Planung der Personalfreisetzung

Durch volkswirtschaftliche Entwicklungen (z. B. Rezession, Strukturkrisen) sowie damit möglicherweise im Zusammenhang stehenden innerbetrieblichen Entwicklungen (z. B. Rationalisierungsmaßnahmen, Rückgang der Auftragslage) kann es zu einem Rückgang des betrieblichen Personalbedarfs kommen, welcher von der Personalplanung berücksichtigt werden muss. In diesen Fällen kann den Beschäftigten die Kündigung drohen.

C.6

3 Personalbeschaffung

3.1 Interne und externe Personalbeschaffung

Gespräch zwischen Personalchef und Betriebsratsmitglied

Herr Persel:	Guten Morgen, Frau Schramm. Sie wollten mich sprechen?
Frau Schramm:	Guten Morgen, Herr Persel. Ja, ich wollte Ihnen mitteilen, dass der Betriebsrat die interne Ausschreibung der Stelle verlangen wird.[1]
Herr Persel:	Halten Sie das für eine gute Idee, Frau Schramm?
Frau Schramm:	Aber natürlich, Herr Persel, Sie denn nicht?
Herr Persel:	Ehrlich gesagt, ich halte nichts davon. Nach meiner Erfahrung führt so etwas immer wieder zu Rivalitäten unter den Mitarbeitern. Und darunter leiden dann der Teamgeist und die Arbeitsqualität.
Frau Schramm:	Ich sehe das genau andersrum! Es sind doch die Perspektiven, die die Mitarbeiter motivieren. Ich bin der festen Überzeugung, dass unsere Frau Siebach deswegen so gern arbeitet, weil sie sich in der Vergangenheit bei uns stets verbessern konnte. Jetzt leitet sie eine Abteilung.
Herr Persel:	Aber dann fragen Sie doch mal die Kollegen aus ihrer Abteilung, ob die Respekt vor ihr haben – also ich habe da ja schon einiges gehört. Sie wissen ja, der Prophet taugt nichts im eigenen Lande.
Frau Schramm:	Das mag wohl sein. Aber die Siebach ist schon über zehn Jahre hier und kennt die Stärken und Schwächen ihrer Pappenheimer ganz genau.
Herr Persel:	Wissen Sie, Frau Schramm, ich fürchte einfach eine gewisse „Betriebsblindheit", wenn wir zu häufig intern besetzen. So kommt kein frischer Wind in unser Unternehmen. Den brauchen wir aber dringend.
Frau Schramm:	Theoretisch mag das ja so sein. Aber wissen Sie, was für einen Kuckuck wir uns ins Nest holen, wenn wir extern besetzen? Bei unseren Leuten wissen wir, woran wir sind. Mit denen können Sie noch heute die neue Stelle besetzen und zahlen keinen Pfennig für Personalwerbung.
Herr Persel:	Aber Sie vergessen ja völlig, dass ich dann gleich ein neues Problem habe, denn dann muss ich ja dessen Stelle besetzen und die Suche geht wieder los.
Frau Schramm:	Sie können es sich ja noch einmal überlegen. Ich wäre Ihnen dankbar, wenn Sie mich auf dem Laufenden halten würden. Auf Wiedersehen, Herr Persel.
Herr Persel:	Auf Wiedersehen, Frau Schramm.

Arbeitsauftrag:

Diskutieren Sie Vor- und Nachteile der internen und der externen Stellenbesetzung. Welche Argumente wurden genannt? Fallen Ihnen andere Argumente ein?

---

[1] Der Betriebsrat kann verlangen, dass Arbeitsplätze vor ihrer Besetzung intern ausgeschrieben werden müssen (vgl. § 93 BetrVG). Das bedeutet jedoch nicht, dass der Arbeitgeber zu einer internen Besetzung verpflichtet ist.

D.1

Übersicht: Interne und externe Personalbeschaffung

Interne Personalbeschaffung	Externe Personalbeschaffung	
Was ist das?	**Was ist das?**	
Wie erfolgt die interne Personalbeschaffung?	**Wie erfolgt die externe Personalbeschaffung?**	
Vorteile	Vorteile	**D.2**
Nachteile	Nachteile	

3.2 Stellenanzeige

Bestandteile und Gestaltung einer Stellenanzeige

Arbeitsauftrag:

Sie sind Mitarbeiter/in in der Personalabteilung der DECKER GMBH und erhalten den Auftrag mit Hilfe der Stellenbeschreibung D.4 eine Stellenanzeige (s. u.) für die am 1. Juli 20.. zu besetzende Stelle zu entwerfen, welche am 20. April 20.. in der regionalen Tageszeitung geschaltet werden soll. – Nennen Sie im Anschluss allgemein die Bestandteile, die eine Stellenanzeige unbedingt enthalten sollte:

D.3

· _____

· _____

· _____

· _____

· _____

· _____

· _____

· _____

·

DECKER GMBH

**Stellenbeschreibung der Stelle
„Sachbearbeitung Verkauf"**

1. Formale organisatorische Merkmale der Stelle

Stellenbezeichnung:	Sachbearbeiter/in Verkauf
Stellvertreter/in des Stelleninhabers:	Sachbearbeiter/in Verkauf mit längster Betriebszugehörigkeit
Vorgesetzte/r mit Weisungsbefugnis:	Abteilungsleiter/in in Verkauf
Gleichrangige Mitarbeiter:	Sachbearbeiter/in Verkauf

2. Stellenziel

Förderung des Absatzes unter Berücksichtigung rechtlicher wie organisatorischer Rahmenbedingungen

3. Aufgabenbereich

· Erstellen von standardisierten Angeboten
· Telefonische Auftragsannahme gleichartiger Bestellungen
· Terminüberwachung
· Führung von Karteien und Statistiken
· Fachverkauf

4. Anforderungen an die Person des Stelleninhabers

Schulischer Abschluss:	— FOS-Reife, Berufsschulabschluss
Berufsausbildung:	— Ausbildung zum/zur Groß- und Außenhandelskaufmann/-kauffrau Bürokaufmann/Bürokauffrau oder eine vergleichbare Ausbildung
Berufserfahrung:	— keine notwendige Voraussetzung, aber von Vorteil
Qualifikationen/ Kompetenzen:	— EDV-Kenntnisse (Textverarbeitung, Tabellenkalkulation) — Verhandlungsgeschick — Teamfähigkeit — Einsatzbereitschaft

D.4

3.3 Bewerbung

Bewerbungsunterlagen von Michael Kreuzberg

Michael Kreuzberg   10. Mai 20..
Heisenbergstr. 25
52064 Aachen
Tel. (02 41) 5 22 12

DECKER GMBH
Personalabteilung
Escherstr. 5

50733 Köln

Bewerbung um die Stelle als Sachbearbeiter im Verkauf

Sehr geehrte Damen und Herren,

ich möchte mich hiermit für die Stelle als Sachbearbeiter
im Verkauf bewerben.

Ich habe nach erfolgreicher Ausbildung als Handelsfach-
packer drei Jahre lang in diesem Beruf bei Hansen & Sohn
in Köln Erfahrungen sammeln können und verfüge daher über
umfangreiche kaufmännische Kenntnisse. Darüber hinaus be-
herrsche ich das EDV-Lagerverwaltungsprogramm Packtech.

Über eine Einladung zu einem Vorstellungsgespräch würde
ich mich sehr freuen.

Mit freundlichen Grüßen

Michael Kreuzberg

Anlagen
1 tabellarischer Lebenslauf
...

Lebenslauf

Name:	Michael Kreuzberg
Geburtstag:	1977-02-24
Konfession:	katholisch
Geburtsort:	Düren
Familienstand:	verheiratet
Anschrift:	Heisenbergstr. 25 52064 Aachen
Schulbildung:	1983 bis 1987 Grundschule Edenstraße 1987 bis 1993 Hauptschule Edenstraße 1993: Hauptschulabschluss Typ A
Berufsausbildung:	1993 bis 1996 Ausbildung zum Handelsfachpacker bei Hansen & Sohn, Köln
Wehrdienst:	1996 bis 1997 Grundwehrdienst im Wachbatt. Siegen
Berufstätigkeit:	seit 1997 Handelsfachpacker beim Warenein- und -ausgang bei Hansen & Sohn, Köln
Hobbies:	Funktechnik

Aachen, ..-05-10

Michael Kreuzberg

Bewerbungsunterlagen von Angela Bergheim

Angela Bergheim   12. Mai 20..
Am Falkenberg 24
51381 Leverkusen
Tel. (02 14) 5 16 94

DECKER GMBH
Herrn Persel
Escherstr. 5

50733 Köln

Bewerbung für die Stelle „Sachbearbeiter Verkauf"

Sehr geehrter Herr Persel,

Sie suchen für Ihre Verkaufsabteilung eine Sachbearbeiterin, Ich meine dass meine berufliche Erfahrung in verschiedenen Abteilungen ihren Anforderungen entsprechen:

Nach meiner Ausbildung zur Bürokauffrau habe ich vier
Jahre lang in der Einkaufsabteilung der Firma Dohle GmbH
in Düsseldorf als Sachbearbeiterin gearbeitet, und bin
seitdem in der Verwaltung des Architekturbüros Ehrenberg,
de Vries und Partner in Mönchengladbach tätig.

Ich verfüge darüber hinaus über umfangreiche EDV-
Kenntnisse und habe auch schon mit Exportkunden korre-
spondiert. Außerdem arbeite ich selbständig, und sehe mich
daher in der Lage, mich in alle Bereiche einzuarbeiten.

Ich würde mich freuen, wenn ich mich bei Ihnen vorstellen dürfte.

Mit freundlichen Grüßen

Angela Bergheim

Anlagen
1 tabellarischer Lebenslauf
...

Lebenslauf

Name:	Angela Bergheim
Geburtsdatum:	1970-04-12
Geburtsort:	Leverkusen
Familienstand:	ledig
Anschrift:	Am Falkenberg 24 51381 Leverkusen
Schule:	Grundschule Schlebusch 1976 bis 1981 Realschule Schlebusch 1981 bis 1988
Ausbildung:	Ausbildung zur Bürokauffrau 1988 bis 1991
Berufspraxis:	Dohle GmbH, Düsseldorf 1991 bis 1995 Architekturbüro Ehrenberg, de Vries und Partner seit 1995
Zusatzausbildung:	EDV I und EDV II an der VHS Leverkusen

Leverkusen, ..-05-12

Angela Bergheim

D.6

Bewerbungsunterlagen von Werner Schröder

Werner Schröder   28. April 20..
Friedrich-Breuer-Str. 25
56072 Koblenz
Tel. (02 61) 1 28 59

DECKER GMBH
Personalabteilung
Herrn Persel
Escherstr. 5

50733 Köln

Ihre Anzeige im Kölner Stadtanzeiger vom 20. April 20..

Sehr geehrter Herr Persel,

ich möchte mich um die von Ihnen ausgeschriebene Stelle
als Verkaufssachbearbeiter bewerben.

Ich habe in mehr als 20 Jahren umfangreiche Berufskennt-
nisse in verschiedenen Unternehmen sammeln können. Ich
bin bestens vertraut mit der Bearbeitung von Anfragen,
Angeboten, Bestellungen im Ein- wie Verkauf sowie der
Rechnungserstellung und Terminüberwachung. Das Arbeiten
mit entsprechender Software war dabei in allen Unternehmen selbstverständlich. Auch Anteile der Ausbildung von
Mitarbeitern sind mir im Laufe der Jahre in vermehrtem
Umfang übertragen worden, sodass ich auch diese Qualifi-
kation anbieten kann.

Ich würde mich sehr freuen, wenn wir in einem gemeinsamen
Gespräch die Möglichkeit hätten, über weitere Einzelhei-
ten zu sprechen.

Freundliche Grüße

Werner Schröder

Anlagen
1 tabellarischer Lebenslauf
...

D.7

34

Lebenslauf

Name:	Werner Schröder
Anschrift:	Friedrich-Breuer-Str. 25
	56072 Koblenz
Geburtsdatum:	1954-10-10
Geburtsort:	Bonn
Familienstand:	verheiratet

Schule und Ausbildung

1960 — 1964:	Grundschule Bonn-Beuel
1964 — 1970:	Realschule Bonn-Beuel
1970 — 1973:	Ausbildung zum Bankkaufmann, Commerzbank Bonn

Berufliche Tätigkeit

1973 — 1979:	Kreditsachbearbeitung, Deutsche Bank, Koblenz
1981 — 1984:	Sachbearbeitung Einkauf, Lessing KG, Koblenz
seit 1984:	Sachbearbeitung Verkauf Pflanzen-schutzmittel/Inland, Trey AG, Koblenz

Zusatzqualifikationen:

— Kenntnisse in Excel 5.0
— Kenntnisse in Winword 6.0
— Führerschein Klasse III, IV

Bonn, ..-04-28

Werner Schröder

Gerhard Fischer   30. April 20..
Neusser Str. 724
50737 Köln
Telefon: (02 21) 74 33 42
Telefax: (02 21) 74 33 43

DECKER GMBH
Personalabteilung
Escherstr. 5

50733 Köln

**Ihre Stellenanzeige im Kölner Stadtanzeiger vom
20. April 20..**

Sehr geehrte Damen und Herren,

ich bewerbe mich hiermit um die von Ihnen im Kölner
Stadtanzeiger ausgeschriebene Stelle als Sachbearbeiter im
Verkauf.

Ich habe mich im Laufe meines Studiums der Betriebswirt-
schaftslehre mit Fragen des Handelsmarketings beschäftigt
und meine Diplomarbeit bei Prof. Dr. Meffert in Münster
zum Thema „Erfolgreicher Verkauf von ökologischen
Körperpflegeprodukten in der Bundesrepublik Deutschland" ge-
schrieben.

Ich verfüge daher zu dem Thema Verkauf im Zusammenhang mit
Körperpflegeprodukten über umfangreiche Vorkenntnisse. Außerdem habe ich bereits zwei Praktika in Marketing-
abteilungen von Großunternehmen absolviert und habe in
diesem Zusammenhang einige EDV-Kenntnisse erwerben können.

Ich würde mich freuen, wieder von Ihnen zu hören.

Mit freundlichen Grüßen

Gerhard Fischer

Anlagen
1 tabellarischer Lebenslauf
...

D.8

Lebenslauf

Name:	Gerhard Fischer
Geburtsdatum:	1962-04-27
Geburtsort:	Sulingen (Niedersachsen)
Familienstand:	verheiratet
Anschrift:	Neusser Str. 724 50737 Köln
Schulbildung:	1968 — 1972 Edenschule Sulingen 1972 — 1981 Gymnasium Sulingen 1981: Abitur
Wehrdienst:	1981 — 1983 LTG 62, Wunstorf
Berufsausbildung:	1983 — 1986 Ausbildung zum Immobilienkaufmann bei Flottemesch Immobilien, Oldenburg
Studium:	1986 — 1991 Studium der Betriebwirtschaftslehre, Hannover
Praktika:	1989 dreimonatiges Praktikum in der Marketingabteilung der Beiersberg AG, Hamburg
	1990 viermonatiges Praktikum in der Marketingabteilung der Beiersberg AG, Hamburg
Hobbies:	Fahrradfahren, Musik

Köln, ..-04-30

Gerhard Fischer

Bewerbungsunterlagen von Bianca Herrmann

Bianca Herrmann   5. Mai 20..
Fahner Weg 44
51467 Bergisch Gladbach
Tel. (0 22 02) 99 12 99

DECKER GMBH
Personalabteilung
Escherstr. 5

50733 Köln

Bewerbung um die Stelle als Sachbearbeiterin Verkauf

Sehr geehrte Damen und Herren,

kürzlich las ich Ihre Anzeige im Kölner Stadtanzeiger,
in der Sie einen Sachbearbeiter im Verkauf suchen. Wie
Sie aus meinen Bewerbungsunterlagen ersehen können, verfüge ich über mehrere Jahre kaufmännischer Berufserfahrung im Groß- und Außenhandel. Ich war in diesen Jahren
überwiegend in den Abteilungen Buchhaltung, Verkauf und
Lager beschäftigt. Die letzten Jahre habe ich der Erzie-
hung meiner Kinder gewidmet und möchte nun wieder in den
Beruf einsteigen.

Über eine Einladung zu einem Vorstellungsgespräch würde
ich mich sehr freuen.

Mit freundlichen Grüßen

Bianca Herrmann

Anlagen
1 tabellarischer Lebenslauf
...

D.9

Lebenslauf

Name: Bianca Herrmann

Geburtsdatum: 1966-04-12

Geburtsort: Köln

Wohnort: Fahner Weg 44
                        51467 Bergisch Gladbach

Familienstand: verheiratet, zwei Kinder

Schulbildung: 1972 — 1976 Grundschule

                        1976 — 1982 Realschule Kammweg

                        1982 — 1984 Höhere Handelsschule,
                                     Gummersbach

Berufsausbildung: 1984 — 1986 Ausbildung zur Kauffrau
                                     im Groß- und Außenhandel
                                     Ausbilder: Bergmann AG,
                                     Leverkusen

Berufspraxis: 1986 — 1987 Bergmann AG, Leverkusen

                        1987 — 1989 Selberg Verlag GmbH, Köln

                        1989 — 1990 Multi Markt, Köln

                        1990 — 1992 Kölner Stadtverwaltung

                        seit 1992:   Erziehung meiner beiden
                                     Kinder

besondere Kenntnisse: Word 5.0, Multiplan
                        Grundkenntnisse Englisch

Bergisch Gladbach, ..-05-05

Bianca Herrmann

Heike Müller   12. Mai 20..
Finkenweg 2
50765 Köln

Tel. (02 21) 88 12 96

DECKER GMBH
Herrn Persel
Escherstr. 5

50733 Köln

Bewerbung um die Stelle als Sachbearbeiterin Verkauf

Sehr geehrter Herr Persel,

im Kölner Stadtanzeiger vom 20. April 20.. las ich mit großem Interesse, dass Sie zum 1. Juli eine Stelle als Sachbearbeiter/in im Verkauf ausschreiben.

Wie Sie aus meinen Unterlagen ersehen können, bin ich seit Jahren bei der Bergmann AG in Leverkusen tätig. Ich habe hier in mehreren Abteilungen (Einkauf, Verkauf, Buchhaltung, Marketing) kaufmännische Erfahrungen sammeln und an verschiedenen innerbetrieblichen Fortbildungen teilnehmen können.

An der von Ihnen ausgeschriebenen Stelle bin ich sehr interessiert, da mich die Arbeit in dieser Branche sehr reizen würde. Dabei sagt mir nach Jahren in der Großindustrie die Größe Ihres Unternehmens sehr zu.

Ich würde mich daher sehr freuen, mich bei Ihnen vorstellen zu dürfen.

Mit freundlichen Grüßen

Heike Müller

Anlagen
1 tabellarischer Lebenslauf
...

Lebenslauf

Name:	Heike Müller
Geburtsdatum:	1968-07-10
Konfession:	römisch—katholisch
Geburtsort:	Köln
Anschrift:	Finkenweg 2 50765 Köln
Familienstand:	ledig

Schulbildung:	1974 — 1978	Katholische Grundschule Ossendorf
	1978 — 1984	Realschule Ossendorf
Berufsausbildung:	1984 — 1987	Berufsausbildung zur Bürokauffrau bei der Harimed GmbH & Co KG, Bonn
Berufspraxis:	1987 — 1994	Sachbearbeitung Ein- und Verkauf bei der Harimed GmbH & Co KG, Bonn
	seit 1994	Sachbearbeitung in mehreren kaufmännischen Abteilungen der Bergmann AG, Leverkusen
EDV-Kenntnisse:	Microsoft: WinWord 6.0, Excel 97	

Köln, ..-05-12

Heike Müller

Kriterien zur Beurteilung von Bewerbungsunterlagen

Arbeitsauftrag:

- Tragen Sie mit Hilfe der zuvor dargestellten Bewerbungsunterlagen (jeweils nur Anschreiben und Lebenslauf; D.5 – D.10) in der obersten Zeile der folgenden Übersicht sinnvolle Kriterien[1] zur Beurteilung des Bewerbers/der Bewerberin ein.
- Vergleichen Sie anschließend alle Bewerbungsunterlagen im Hinblick auf diese Kriterien.

Kriterium Bewerber/in							

---

[1] Kriterium (gr.-lat.) = Prüfstein, entscheidendes Merkmal. In diesem Zusammenhang sind Beurteilungskriterien die Merkmale von Bewerbern, die im Hinblick auf die ausgeschriebene Stelle bedeutsam sind. Dabei sind sowohl positive wie auch negative Kriterien gemeint.

D.11

3.4 Vorstellungsgespräch

Vorbereitung für das Rollenspiel: Vorstellungsgespräch

Arbeitsauftrag:

Nach der Einigung auf zwei Bewerberinnen/Bewerber werden diese von der Personalabteilung zu einem Vorstellungsgespräch eingeladen. Im Folgenden sollen die Vorstellungsgespräche im Rahmen eines Rollenspiels durchgeführt werden. Dazu teilt Ihre Lehrerin/Ihr Lehrer Ihre Klasse in Gruppen ein und gibt den Gruppen bekannt, welche(n) der beiden Bewerberinnen/Bewerber sie im nachfolgenden Rollenspiel vertreten sollen. Bereiten Sie sich gemeinsam in Ihrer Gruppe auf Fragen vor, die der betreffenden Bewerberin/dem Bewerber in dem Vorstellungsgespräch möglicherweise vom Personalchef gestellt werden könnten. Dazu nehmen Sie bitte folgende Materialien zu Hilfe:

- Ihre Bewerbung,
- die Stellenbeschreibung,
- die Unternehmensinformationen,
- folgende Rechtsauskünfte zum Vorstellungsgespräch.

Kleiner juristischer Leitfaden für Vorstellungsgespräche[1]:

- Grundsätzlich sind nur die Fragen zulässig, die in enger Beziehung zur zukünftigen Beschäftigung stehen.

- Alle Fragen, die nicht in enger Beziehung zur zukünftigen Beschäftigung stehen, sind unzulässig.

- Fragen, die unzulässig sind, dürfen unwahr beantwortet werden, ohne dass der Arbeitgeber das Recht hat, den Arbeitsvertrag später anzufechten.

- Grundsätzlich unzulässig sind Fragen nach:

    - Partei- oder Religionszugehörigkeit (Ausnahme: „Tendenzbetriebe" wie Kirchen, Parteien ...),
    - Gewerkschaftszugehörigkeit,
    - Betriebsratstätigkeit,
    - politische Funktionen in der damaligen DDR[2],
    - Schwangerschaft.

- Nur in bestimmten Fällen zulässig sind Fragen nach:

    - Vorstrafen oder Vermögensverhältnissen (wenn diese in enger Beziehung zur Tätigkeit stehen, z. B. Einbruchdiebstahl bei kaufmännischen Tätigkeiten oder Verkehrsdelikte bei Kraftfahrern),
    - Krankheiten (wenn sie für die Arbeitsfähigkeit von Bedeutung sind oder eine beträchtliche Ansteckungsgefahr für die Mitarbeiter bedeuten).

Wählen Sie ein Gruppenmitglied aus, das die Rolle anschließend spielt.

D.12

---

[1] entnommen aus: Das Einstellungsgespräch, Hrsg. HBV, Hauptvorstand, Abt. Betriebs- und Unternehmenspolitik, Düsseldorf

[2] in der Privatwirtschaft unzulässig; in bestimmten öffentlichen Ämtern (z. B. Bundesnachrichtendienst) zulässig, da ein enger Zusammenhang zur zukünftigen Beschäftigung bestehen könnte

Auswertung: Worauf man bei einem Vorstellungsgespräch achten sollte ...

Arbeitsauftrag:

Tragen Sie in die folgenden Felder die Ergebnisse ein, die Sie im Unterricht gemeinsam mit Ihrer Lehrerin/Ihrem Lehrer herausgearbeitet haben.

Worauf sich der Bewerber einstellen sollte ...

Worauf der Bewerber darüber hinaus achten sollte ...

D.13

3.5 Zusammenfassung und Ergänzung: Personalbeschaffung

Arbeitsauftrag:

Ergänzen Sie die folgenden Lückentexte.

1. Interne oder externe Personalbeschaffung

Unter interner Personalbeschaffung versteht man die Beschaffung von Personal _____ _____, externe Personalbeschaffung bedeutet dagegen die Beschaffung von Personal _____. Die innerbetriebliche Stellenausschreibung findet der Mitarbeiter am _____, in der _____ oder in innerbetrieblichen _____.

Die externe Personalbeschaffung wird dagegen mit Hilfe von öffentlichen _____ in Zeitungen und Zeitschriften, über das Arbeitsamt, durch Kontaktaufnahme zu Ausbildungsinstituten, durch Personalleasing usw. vorgenommen. Der _____ kann die _____ einer Stelle vor ihrer Besetzung fordern. Gleichzeitig darf der Arbeitgeber aber auch externe Bewerbungen einholen. Unterlässt aber der Arbeitgeber die interne Ausschreibung, obwohl der Betriebsrat diese gefordert hat, so kann dieser die Zustimmung des Bewerbers verweigern.

2. Stellenbeschreibung

Die Stellenbeschreibung ist eine verbindliche, in schriftlicher Form abgefasste betriebliche Aufgabeneinteilung und -abgrenzung. Die Gesamtheit der Stellenbeschreibungen eines Betriebes stellt sicher, dass keine Aufgaben unerledigt bleiben und eindeutige _____ bestehen. Hinsichtlich der Stelle sind hier in der Regel festgehalten: Bezeichnung, Einordnung, Aufgaben, Ziele, Befugnisse, Verantwortung und Anforderungen der Stelle. Für die Personalabteilung stellt die Stellenbeschreibung ein wichtiges Planungsinstrument dar.

3. Bewerbung

Eine erfolgreiche Bewerbung muss erst einmal formal in Ordnung sein, d. h. sie muss ordentlich, fehlerfrei und vollständig sein. Eine vollständige Bewerbung umfasst folgende Bewerbungsunterlagen:

· _____   · _____

· _____   · _____

· _____   · ggf. _____

· ggf. Personalfragebogen (wenn zuvor   · ggf. _____

  vom Unternehmen zugesandt)[1]

Wenn der Arbeitgeber jedoch ausdrücklich eine Kurzbewerbung wünscht, reicht das Anschreiben und ein Lebenslauf mit Foto.

4. Vorstellungsgespräch und Eignungstest

Das Vorstellungsgespräch hat die Funktion, einen durch die _____ geweckten Eindruck zu _____, abzurunden, aber auch die Stimmigkeit der Bewerbungsunterlagen zu überprüfen. Unwahre Antworten auf zulässige Einstellungsfragen können dazu führen, dass der Arbeitgeber nachträglich den Arbeitsvertrag wegen arglistiger Täuschung _____ kann. Waren diese Fragen jedoch unzulässig, so ist er zur Anfechtung nicht berechtigt. Manche Unternehmen führen neben dem Vorstellungsgespräch zusätzlich einen Eignungstest in Form eines Persönlichkeits-, Fähigkeits- oder ärztlichen Eignungstestes durch.

---

[1] Hinsichtlich zulässiger und unzulässiger Fragen gilt hier dasselbe wie beim Vorstellungsgespräch.

D.14

4 Personaleinstellung

4.1 Rechtliche Rahmenbedingungen des Arbeitsverhältnisses

DECKER GMBH

- Interne Mitteilung -

von:	Persel/Personalabteilung
an:	Schüler/in/Personalabteilung
Datum:	..-06-01

Aufsetzen des Arbeitsvertrages

Sehr geehrte/r Frau/Herr Schüler/in,

bitte bereiten Sie einen unbefristeten Arbeitsvertrag (E.2) mit einer Probezeit von drei Monaten vor, ich werde ihn morgen unterzeichnen. Die Stelle soll am 1. Juli angetreten werden. Die genauen Arbeitszeiten entnehmen Sie bitte der Betriebsvereinbarung unseres Unternehmens (E.4).

Für die Ermittlung des Tarifgehalts gehen Sie bitte folgendermaßen vor:

Erstens: Ermitteln Sie mit Hilfe der Stellenbeschreibung (D.4) die betreffende Gehaltsgruppe im Gehaltsrahmenabkommen (E.3).

Zweitens: Suchen Sie diese Gehaltsgruppe dann im Gehaltsabkommen (zu finden im Entgelttarifvertrag; E.3) heraus.

Drittens: Für diese Stelle sind keine besonderen Zulagen vorgesehen.

Mit freundlichen Grüßen

i.V. Persel

E.1

Anstellungsvertrag

zwischen Herrn/Frau _____

und der

DECKER GMBH, Escher Straße 5, 50733 Köln

wird nachstehender Anstellungsvertrag geschlossen:

§ 1 Einstellungstermin und Aufgabenbereich

(1) Herr/Frau _____ nimmt am _____ (Vertragsbeginn) in _____ (Einsatzort) die Tätigkeit als _____ _____ auf.

(2) Der Arbeitgeber ist berechtigt, dem Arbeitnehmer innerhalb des Betriebs eine andere, seinen Fähigkeiten entsprechende, gleichwertige und gleichbezahlte Tätigkeit zuzuweisen.

(3) Der Angestellte hat die ihm übertragenen Arbeiten gewissenhaft auszuführen und ist im Rahmen seines Anstellungsverhältnisses zur Verschwiegenheit verpflichtet. Diese Pflicht gilt auch nach Beendigung des Vertrages.

(4) Der Angestellte hat für schuldhaft verursachte Schäden einzustehen.

§ 2 Arbeitszeit

(1) Die regelmäßige Arbeitszeit beträgt _____ Stunden wöchentlich.

(2) Die Verteilung der Arbeitszeit auf die Wochentage wird in folgender Weise vereinbart:

_____

§ 3 Probezeit

(1) Der Anstellungsvertrag wird für die Dauer von _____ Monaten auf Probe abgeschlossen.

(2) Innerhalb der Probezeit haben beide Seiten das Recht zur Kündigung mit einer Frist von einem Monat auf das Ende des Monats.

(3) Macht keiner der Vertragschließenden von dem Recht der Kündigung Gebrauch, so wird das Vertragsverhältnis nach Ablauf der Probezeit als Arbeitsverhältnis auf unbestimmte Zeit fortgesetzt.

§ 4 Vergütung

Die Firma zahlt an den Angestellen monatlich:

1. Tarifgehalt nach Gehaltsgruppe _____ des **Gehaltsrahmenabkommens** der Tarifpartner   DM _____
2. tarifliche Zulage   DM _____

Gesamtmonatsentgelt   DM _____

E.2

§ 5 Dienstreisen

(1) Bei vom Arbeitgeber angeordneten Dienstreisen werden die Reisekostensätze vergütet, die nach den jeweils gültigen steuerlichen Richtlinien steuerfrei gezahlt werden können.

(2) Grundsätzlich sind Dienstreisen mit öffentlichen Verkehrsmitteln durchzuführen. Die Benutzung von Flugzeugen oder eines privaten PKW bedarf der besonderen Genehmigung.

§ 6 Konkurrenzverbot und Nebentätigkeit

Der Angestellte darf im gleichen Geschäftszweig weder ein eigenes Gewerbe betreiben noch Geschäfte für eigene oder fremde Rechnung tätigen.

§ 7 Kündigung

(1) Das Vertragsverhältnis kann von jedem der Vertragschließenden mit einer Frist von vier Wochen zum Ende eines jeden Kalendermonats gekündigt werden. Verlängert sich die Kündigungsfrist aufgrund gesetzlicher oder tariflicher Bestimmungen für einen der Vertragschließenden, so gilt die Verlängerung auch für den anderen Vertragspartner.

(2) Jede Kündigung bedarf der Schriftform.

§ 8 Anwendung tarifvertraglicher und gesetzlicher Bestimmungen

Neben den vorstehenden Vertragsvereinbarungen gelten insbesondere hinsichtlich der Arbeitszeit, des Urlaubs, des Urlaubs- und Weihnachtsgeldes sowie der vermögenswirksamen Leistungen die Bestimmungen des jeweils gültigen Manteltarifvertrags, des Gehaltsrahmenabkommens, des Gehalts- und Urlaubsgeldabkommens sowie des Tarifvertrags über vermögenswirksame Leistungen im Groß- und Außenhandel NRW.

§ 9 Schlussbestimmungen

(1) Änderungen und Ergänzungen dieses Vertrags bedürfen der Schriftform.

(2) Mündliche Nebenabreden gelten als nicht getroffen.

(3) Die etwaige Unwirksamkeit etwaiger Vertragsbestimmungen berührt nicht die Wirksamkeit der übrigen Abmachungen.

_____
Ort, Datum

_____   _____
DECKER GMBH   Angestellter

E.2

Tarifvertrag

zwischen den

in der Tarifgemeinschaft des Groß- und Außenhandels in Nordrhein-Westfalen zusammengeschlossenen Verbänden

und

der Gewerkschaft Handel, Banken und Versicherungen im DGB, Landesbezirksleitung NRW

sowie

der Deutschen Angestellten-Gewerkschaft Landesverband Nordrhein-Westfalen

1. Gehalts- und Lohnrahmenabkommen (Auszüge)

Gehaltsgruppe I

Ausführen von überwiegend schematischen oder mechanischen Tätigkeiten, für die keine Berufsausbildung erforderlich ist.

Beispiele:

1.5 Ausführen übertragender und vergleichender Tätigkeit, Führen von einfachen Karteien und Listen

1.6 Hilfsarbeiten in der Poststelle

2.3 Einfache Schreib- oder Rechenarbeiten nach vorbereiteten Unterlagen

Gehaltsgruppe II

Ausführen von Tätigkeiten nach eingehenden Anweisungen, die Kenntnisse und Fertigkeiten erfordern, wie sie unter anderem auch durch eine zweijährige einschlägige Ausbildung vermittelt werden ...

Beispiele:

1.1 Ausgaben von Waren vom Lager ohne Verkaufsberatung

1.4 Ausrechnen von schematischen Kalkulationen

1.5 Auszeichnen und Kontrollieren von Waren nach einfachen Ordnungsmerkmalen / Führen von Ein- und Verkaufsstatistiken, Lagerabrechnungen und Karteien ...

1.6 Abfertigen der Post ...

Gehaltsgruppe III

Ausführen von Tätigkeiten nach Anweisungen, die Kenntnisse und Fertigkeiten erfordern, wie sie durch eine abgeschlossene Ausbildung als Kaufmann im Groß- und Außenhandel, Bürokaufmann oder eine gleichwertige Ausbildung erworben werden. ...

...

Beispiele:

1.1 Bearbeiten von Aufträgen, Ausfertigen von regelmäßig wiederkehrenden Angeboten und Bestellungen / Überwachen von Terminen / Tätigkeit als Fachverkäufer ...

1.5 Kontrollieren von Waren nach schwierigen Ordnungsmerkmalen / Fachkundiges Prüfen von ein- und ausgehender Ware / Aufstellen von Statistiken / Führen von Karteien ...

Gehaltsgruppe IV

Selbständiges Ausführen von Tätigkeiten nach allgemeinen Anweisungen, die Kenntnisse und Berufserfahrung erfordern, wie sie durch mehrjährige einschlägige Tätigkeit nach erfolgter kaufmännischer Ausbildung erlangt werden. ...

Beispiele:

1.1 Bearbeiten von Angeboten oder Bestellungen in Ein- oder Verkaufsabteilungen einschließlich Überwachen von Fristen sowie Abrufen im Rahmen vorausgegangener Dispositionen/ Führen von Verkaufsverhandlungen ...

1.5 Erstellen und Auswerten umfangreicher und vielseitiger Statistiken / Disponieren und Überwachen eines Lagerteilbereichs

Gehaltsgruppe V

Selbständiges und verantwortliches Ausführen von Tätigkeiten nach allgemeinen Richtlinien, die gründliche Fachkenntnisse und umfangreiche einschlägige Erfahrungen erfordern sowie eine Übersicht über die Zusammenhänge mit angrenzenden Tätigkeitsbereichen voraussetzen. ...

Beispiele:

1.1 Bearbeiten schwieriger Ein- oder Verkaufsvorgänge, auch in Fremdsprachen und Disponieren
...

1.6 Fachkundiges Bearbeiten schwieriger Aufgaben im Versand, wie Zoll- und Speditionsfragen ...

Gehaltsgruppe VI

...

E.3

2. Entgelttarifvertrag (Lohn- und Gehaltsabkommen) – einschließlich Urlaubsgeldabkommen und Tarifvertrag über Sonderzahlung (Auszüge)

Gehaltsabkommen

...

§ 2

Das tarifliche Monatsmindestgehalt für die regelmäßige Arbeitszeit ... beträgt ...

Gehaltsgruppe I

Bis zum Alter von	21 Jahren	DM 2.148,00
im Alter von	21 Jahren	DM 2.199,00
	22 Jahren	DM 2.297,00
	23 Jahren	DM 2.401,00
	24 Jahren	DM 2.504,00
	25 Jahren	DM 2.604,00
	26 Jahren	DM 2.710,00
	27 Jahren und darüber	DM 2.814,00

Gehaltsgruppe II

Bis zum Alter von	21 Jahren	DM 2.271,00
im Alter von	21 Jahren	DM 2.327,00
	22 Jahren	DM 2.435,00
	23 Jahren	DM 2.545,00
	24 Jahren	DM 2.653,00
	25 Jahren	DM 2.763,00
	26 Jahren	DM 2.880,00
	27 Jahren und darüber	DM 3.001,00

Gehaltsgruppe III

Im 1. und 2. Jahr der Tätigkeit nach der Ausbildung	DM 2.619,00
Im 3. und 4. Jahr der Tätigkeit nach der Ausbildung	DM 2.754,00
Im 5. und 6. Jahr der Tätigkeit nach der Ausbildung	DM 2.964,00
Ab dem 7. Jahr der Tätigkeit nach der Ausbildung	DM 3.244,00

Gehaltsgruppe IV

Im 1. und 2. Jahr der Tätigkeit in der Gruppe	DM 2.853,00
Im 3. und 4. Jahr der Tätigkeit in der Gruppe	DM 3.020,00
Im 5. Jahr der Tätigkeit in der Gruppe	DM 3.187,00
Ab dem 6. Jahr der Tätigkeit in der Gruppe	DM 3.598,00

Gehaltsgruppe V

Im 1. und 2. Jahr der Tätigkeit in der Gruppe	DM 3.651,00
Im 3. Jahr der Tätigkeit in der Gruppe	DM 3.882,00
Im 4. Jahr der Tätigkeit in der Gruppe	DM 4.110,00
Nach dem 4. Jahr der Tätigkeit in der Gruppe	DM 4.618,00

Gehaltsgruppe VI

...

Urlaubsgeldabkommen

...

§ 2 Urlaubsgeld

1. Das Urlaubsgeld gemäß § 8 Nr. 6 des MTV für Arbeitnehmer im Groß- und Außenhandel Nordrhein-Westfalen beträgt ... DM 1.200,00.

2. Arbeitnehmer, die im Laufe des Kalenderjahres eintreten oder ausscheiden bzw. zum Wehrdienst oder Ersatzdienst einberufen werden, erhalten je vollen Kalendermonat 1/12 des Urlaubsgeldes. ...

...

Tarifvertrag über Sonderzahlung

§ 2 Sonderzahlung

1. Angestellte, gewerbliche Arbeitnehmer sowie Auszubildende erhalten eine Sonderzahlung nach Maßgabe der Bestimmungen dieses Tarifvertrags.

2. Der Anspruch auf eine Sonderzahlung entsteht erstmals nach einer ununterbrochenen Betriebszugehörigkeit von 6 Monaten am 1. Dezember des Auszahlungsjahres und wird jeweils am 1. Dezember eines Jahres fällig, soweit betrieblich nichts anderes vereinbart ist.

   ...

4. Die Sonderzahlung beträgt für Angestellte und gewerbliche Arbeitnehmer mindestens ... DM 760,00. ...

E.3

3. Tarifvertrag über vermögenswirksame Leistungen (Auszüge)

§ 2 Leistungen und deren Voraussetzungen

1. Der Arbeitgeber erbringt für die Anspruchs-berechtigten vermögenswirksame Leistungen nach der Maßgabe der Bestimmungen des ... Vermögensbildungsgesetzes ...

2. Die vermögenswirksame Leistung beträgt monatlich für jeden Arbeitnehmer ab Vollendung des 18. Lebensjahres ... 52,00 DM ...

...

4. Die vermögenswirksame Leistung wird für jeden Kalendermonat gezahlt, für den mindestens 14 Tage Anspruch auf Lohn und Gehalt besteht.

...

§ 3 Anlagearten und Verfahren

1. Der Arbeitnehmer kann zwischen den in § 2 des ... Vermögensbildungsgesetzes vorgesehenen Arten der vermögenswirksamen Anlagen frei wählen. Er kann allerdings für jedes Kalenderjahr nur eine Anlageart und ein Anlageinstitut wählen. ...

2. Der Arbeitnehmer hat binnen 4 Wochen nach Abschluss des Tarifvertrages dem Arbeitgeber Anlageart und Anlageinstitut unter Beifügung der erforderlichen Unterlagen schriftlich mitzuteilen, sodass der Arbeitgeber in die Lage gesetzt wird, die fällige vermögenswirksame Leistung mit befreiender Wirkung zu erbringen. ...

4. Manteltarifvertrag (Auszüge)

§ 2 Arbeitszeit

1. Die regelmäßige Wochenarbeitszeit beträgt ausschließlich der Pausen 38,5 Stunden. ...

...

§ 6 Allgemeine Vertragsbedingungen

1. Einstellung und Entlassung erfolgen nach den gesetzlichen Bestimmungen.

   Jeder Arbeitnehmer wird der Tätigkeit entsprechend nach dem Gehalts- bzw. Lohnrahmenabkommen eingestuft.

2. Der Arbeitnehmer hat die Arbeitspapiere ... bis zum Ablauf des ersten Beschäftigungsmonats beim Arbeitgeber abzugeben.

4. Mit dem Arbeitnehmer ist auf Wunsch ein schriftlicher Arbeitsvertrag zu schließen, aus dem sich
   – Beginn der Beschäftigung
   – Art der Tätigkeit
   – Einsatzort
   – Bezüge ...
   – Dauer einer ... vereinbarten Probezeit
   – Kündigungsfristen
   ...
   ergeben.

§ 8 Urlaub

...
3. a) Während des Urlaubs hat der Arbeitnehmer Anspruch auf Fortzahlung des Entgelts. ...
   ...

4. Die Mindestdauer des Jahresurlaubs beträgt:

   a) bei regelmäßiger Verteilung der tariflichen Arbeitszeit auf 6 Werktage der Woche 36 Werktage

   b) bei Verteilung der tariflichen Arbeitszeit auf ausschließlich 5 Werktage der Woche 30 Arbeitstage ...
   ...

6. Der Arbeitnehmer erhält ein Urlaubsgeld gemäß einem Urlaubsgeldabkommen. Bei einem anteiligen Urlaubsanspruch ist das Urlaubsgeld entsprechend auszuzahlen.

§ 10 Arbeitsversäumnis

1. a) Ist der Arbeitnehmer durch Krankheit oder durch sonstige unvorhersehbare Ereignisse an der Arbeitsleistung verhindert, so hat er dem Arbeitgeber unverzüglich Mitteilung zu machen und dabei die Gründe und die voraussichtliche Dauer seiner Verhinderung bekannt zu geben.

   b) Ist die Arbeitsverhinderung durch Krankheit verursacht und dauert sie länger als drei Werktage, so ist vor Ablauf des 4. Werktages nach Beginn der Arbeitsunfähigkeit eine ärztliche Bescheinigung über die Arbeitsunfähigkeit und deren voraussichtliche Dauer vorzulegen.

2. b) Die dem Arbeitnehmer bei Krankheit weiterzuzahlende Vergütung bemisst sich nach § 8 Nr. 3; ...
   ...

E.3

Betriebsvereinbarung

auf Grundlage der §§ 77, 87 BetrVG

zwischen der

Geschäftsleitung der DECKER GMBH, Köln

und dem

Betriebsrat der DECKER GMBH, Köln

(gültig ab 1. Januar 20..)

1. Rauchverbot

Grundsätzlich herrscht im gesamten Betriebsbereich Rauchverbot. Davon sind ausgenommen:

– Aufenthaltsräume IIa und IIIa
– Konferenzraum.

2. Arbeitszeit

Grundsätzlich gelten die Bestimmungen des Tarifvertrags, das gilt auch für Teilzeitarbeit. Die Verteilung der Arbeitszeit von 38,5 Stunden und der Pausen für *alle* Vollzeitarbeitskräfte (einschließlich Auszubildender) wird wie folgt vereinbart:

Wochentag	Beginn der Arbeitszeit	Ende der Arbeitszeit	Pausen	Summe
Mo. – Do.	07:30 Uhr	16:15 Uhr	09:45 Uhr – 10:00 Uhr 12:00 Uhr – 12:30 Uhr	8 Stunden
Fr.	07:30 Uhr	14:45 Uhr	09:45 Uhr – 10:00 Uhr 12:00 Uhr – 12:30 Uhr	6,5 Stunden

Diese Betriebsvereinbarung verliert mit Inkrafttreten einer neuen Vereinbarung ihre Gültigkeit.

Köln, den 20..-12-13

Geschäftsleitung der DECKER GMBH   Betriebsrat der DECKER GMBH

....

E.4

Infotext: Rechtliche Rahmenbedingungen des Arbeitsverhältnisses

In Einzelarbeitsverträgen werden die Arbeitsbedingungen zwischen dem einzelnen Arbeitgeber und dem einzelnen Arbeitnehmer vereinbart. Mindestbestandteile des Einzelarbeitsvertrages sind Vertragspartner und Einstellungstermin.[1]

Auch wenn in Deutschland jeder vertraglich vereinbaren kann, was und wie er will (Prinzip der Vertragsfreiheit), so sind doch jedem Arbeitsvertrag gewisse Grenzen gesetzt durch:

1. Arbeitsgesetze
2. Tarifverträge
3. Betriebsvereinbarungen.

Zu 1.: Arbeitsgesetze

Es gibt zahlreiche Arbeitsgesetze, die dem Arbeitnehmer in den verschiedensten Bereichen Mindestrechte sichern (z. B. Arbeitszeitgesetz, Bundesurlaubsgesetz, Mutterschutzgesetz, Kündigungsschutzgesetz), die nicht unterschritten werden dürfen.

Zu 2.: Tarifverträge

Anders als Einzelarbeitsverträge sind Tarifverträge Verträge zwischen Tarifparteien – das sind einzelne oder in Verbänden zusammengeschlossene Arbeitgeber einerseits und Gewerkschaften[2] andererseits. Diese Tarifverträge regeln die Personalentlohnung sowie die allgemeinen Arbeitsbedingungen und sollen den Arbeitnehmer besser stellen, als es die Arbeitsgesetze vorsehen. Grundsätzlich gelten Tarifverträge für alle Mitglieder einer Tarifpartei, in der Praxis gelten diese Verträge aber auch für viele nicht organisierte Arbeitnehmer[3].

Grundsätzlich haben alle Tarifverträge einen ähnlichen Aufbau. Am Beispiel des Tarifvertrags zwischen der Gewerkschaft „Handel, Banken und Versicherungen" einerseits und den in der „Tarifgemeinschaft des Groß- und Außenhandels in Nordrhein-Westfalen zusammengeschlossenen Verbänden" andererseits soll dieser Aufbau verdeutlicht werden:

- **Entgeltrahmenabkommen:** Die unterschiedlichen Tätigkeiten, die in einem Betrieb anfallen, sind in diesen Verträgen je nach Anspruchsniveau der Tätigkeit in Lohn- oder Gehaltsgruppen (I, II, III usw.) eingeteilt. Der Sinn dieses Rahmenvertrags ist die einheitliche Vergütung aller Tätigkeiten mit gleichem Anforderungsprofil.

- **Entgelttarifvertrag:** Er enthält die konkreten Löhne und Gehälter der jeweiligen Lohn-/Gehaltsgruppen, die der Arbeitgeber mindestens zahlen muss. Außerdem finden wir hier die Regelungen zum Urlaubsgeld und zu den Sonderzahlungen.

- **Manteltarifvertrag:** Dieser enthält allgemeine Arbeitsbedingungen (wie z. B. Arbeitszeit und Urlaubsdauer).

- **Tarifvertrag über vermögenswirksame Leistungen:** Der Arbeitnehmer erhält gewöhnlich neben seinem Lohn oder Gehalt vom Arbeitgeber noch einen „Arbeitgeberanteil zu vermögenswirksamen Leistungen". Die Höhe dieses Arbeitgeberanteils wird in diesem Tarifvertrag bestimmt.

Zu 3.: Betriebsvereinbarungen

In jedem einzelnen Unternehmen kann nun noch einmal die Unternehmensleitung mit dem Betriebsrat (das sind die Interessenvertreter der Arbeitnehmer des einzelnen Betriebs) eine sogenannte „Betriebsvereinbarung" treffen – Voraussetzung ist natürlich, dass in dem Unternehmen ein Betriebsrat besteht. Gegenstand dieser Betriebsvereinbarungen sind betriebsinterne Regelungen wie z. B. Raucherregelungen, Arbeitszeiten, soziale Maßnahmen und Maßnahmen zur Unfallverhütung, die aber dem Tarifvertrag sowie Arbeitsgesetzen nicht entgegenstehen dürfen.

E.5

---

[1] Vgl. Böckel, Eberhard, Moderne Arbeitsverträge
[2] (Im Falle Großhandel, dem die DECKER GMBH angehört, ist das die Gewerkschaft HBV, also Handel, Banken und Versicherungen. Andere bekannte Gewerkschaften sind z. B. IG Metall, ÖTV.)
[3] Siehe dazu auch „Allgemeinverbindlichkeit" von Tarifverträgen in der Zusammenfassung / Ergänzung.

Übersicht: Inhalte von Arbeitsvertrag, Tarifvertrag und Betriebsvereinbarung[1]

Arbeitsauftrag:
Ergänzen Sie die folgende Übersicht.

✎
Mögliche Inhalte des Einzelarbeitsvertrags
zwischen _____ und _____
· _____   · _____
· _____   · _____
· _____   · _____
· _____   · _____

...muss mindestens so arbeitnehmerfreundlich sein wie...

✎
Tarifvertrag zwischen	Betriebs- vereinbarung zwischen
_____ einerseits und _____ andererseits	_____ und _____

...können noch einmal unterteilt sein in:

✎
Entgelt- Rahmen- abkommen	Entgelt- Tarifvertrag	Mantel- Tarifvertrag	Tarifvertrag über VL[2]	enthält:
enthält:	enthält:	enthält:	enthält:	

...müssen mindestens so arbeitnehmerfreundlich sein wie...

✎
Arbeitsgesetze
· _____   · _____
· _____   · _____

---

[1] am Beispiel des Tarifvertrags zwischen den in der Tarifgemeinschaft des Groß- und Außenhandels in Nordrhein-Westfalen zusammengeschlossenen Verbänden einerseits und der Deutschen Angestelltengewerkschaft, Landesverband Nordrhein-Westfalen, sowie Gewerkschaft Handel, Banken und Versicherungen, Landesbezirksleitung Nordrhein-Westfalen andererseits

[2] vermögenswirksame Leistungen

E.6

Anstellungsvertrag ohne Tarifbindung

Anders als die DECKER GMBH schließt die Schulze Immobilien KG Anstellungsverträge ohne Tarifbindung ab, weil sie keiner Tarifpartei angehört. Die Angestellte Steffi Stahl erhält folgenden Anstellungsvertrag:

Anstellungsvertrag

Zwischen ~~Herrn~~/Frau ___Stefanie Stahl, Hansaring 242, 50125 Köln___

und ___Schulze Immobilien KG, Talweg 12, 50552 Köln___

wird nachstehender Anstellungsvertrag geschlossen:

I. Einstellungstermin und Aufgabenbereich

(1) ~~Herr~~/Frau ___Stahl___ nimmt am ___1. August 20..___ die Tätigkeit als ___kaufmännische Sachbearbeiterin___ auf.

(2) Die ersten ___3___ Monate werden als Probezeit vereinbart. Innerhalb der Probezeit kann der Anstellungsvertrag mit einer Frist von einem Monat auf das Ende eines Monats gekündigt werden.

II. Vergütung

Das monatlich nachträglich zu zahlende Gehalt beträgt brutto ___3.000,00___ DM.

III. Schlussbestimmungen

Im Übrigen richten sich die Vertragsbedingungen nach den gesetzlichen Vorschriften.

___Köln, 20..-05-06___
Ort, Datum

Schulze Immobilien KG

___Herbert Schulze___
Arbeitgeber

___Stefanie Stahl___
Arbeitnehmer

Beantworten Sie folgende Fragen mit Hilfe des Infotextes E.5:

1. Ist ein so kurzer Arbeitsvertrag zulässig?

_____

_____

2. Wo sind die Arbeitsbedingungen geregelt, die nicht im Vertrag stehen?

_____

3. Warum ist es sinnvoll, einen ausführlichen Arbeitsvertrag aufzusetzen?

_____

_____

E.7

Vergleich der Arbeitsbedingungen mit und ohne Tarifvertrag[1]

Arbeitsauftrag:

Vergleichen Sie anhand der Arbeitsverträge (E.2 und E.7) die Arbeitsbedingungen bei der DECKER GMBH und bei der Schulze KG. Nehmen Sie außerdem den Tarifvertrag (E.3), die Betriebsvereinbarung (E.4), den Infotext (E.5) sowie die Auszüge aus den Arbeitsgesetzen (E.9) zu Hilfe.

Anstellungsvertrag DECKER GMBH (E.2) Arbeitsvertrag mit Tarifbindung	Anstellungsvertrag Schulze KG (E.7) Arbeitsvertrag ohne Tarifbindung
1. Arbeitszeit Anzahl der Wochenarbeitsstunden _____ Quelle: _____ _____	**1. Arbeitszeit** Anzahl der Wochenarbeitsstunden _____ Quelle: _____ _____

2. Urlaub
 	
a) Urlaubstage/Jahr: _____
 	
   Quelle: _____
 	
b) Das jährliche Urlaubsgeld, welches zusätzlich zum Arbeitsentgelt gezahlt wird, beträgt _____ DM.
 	
Quelle: _____
_____
_____
	2. Urlaub
	
	a) Urlaubstage/Jahr: _____
	
	   Quelle: _____
	
	b) Das jährliche Urlaubsgeld, welches zusätzlich zum Arbeitsentgelt gezahlt wird, beträgt _____ DM[2].
	
	Quelle: _____
	_____
	_____

3. Weihnachtsgeld (= „Sonderzahlung") Die jährliche Sonderzahlung, welche zusätzlich zum Arbeitsentgelt gezahlt wird, beträgt _____ DM. Quelle: _____ _____ _____	**3. Weihnachtsgeld (= „Sonderzahlung")** Die jährliche Sonderzahlung, welche zusätzlich zum Arbeitsentgelt gezahlt wird, beträgt _____ DM. Quelle: _____ _____ _____
4. Entgeltfortzahlung im Krankheitsfall _____ lang Anspruch auf Fortzahlung von _____ % des Arbeitsentgelts Quelle: _____ _____	**4. Entgeltfortzahlung im Krankheitsfall** _____ lang Anspruch auf Fortzahlung von _____ % des Arbeitsentgelts Quelle: _____ _____

E.8

Urheberrechtlich geschützt. Stam 1680

---

[1] am Beispiel des Tarifvertrags zwischen der Gewerkschaft HBV in Nordrhein-Westfalen und den Arbeitgeberverbänden des Groß- und Außenhandels in Nordrhein-Westfalen

[2] Urlaubsentgelt nach dem BUrlG ist nicht zu verwechseln mit Urlaubsgeld, sondern stellt nur die Weiterzahlung des normalen Arbeitsentgelts dar! Im Gegensatz dazu sieht der Tarifvertrag der HBV einen Urlaubsgeldanspruch bei Anspruch auf Fortzahlung des Entgelts vor.

Arbeitsgesetze (Auszüge)

Auszug aus dem Arbeitszeitgesetz

§ 2. Begriffsbestimmungen. (1) Arbeitszeit im Sinne dieses Gesetzes ist die Zeit vom Beginn bis zum Ende der Arbeit ohne die Ruhepausen; ...

§ 3. Arbeitszeit der Arbeitnehmer. Die werktägliche Arbeitszeit der Arbeitnehmer darf acht Stunden nicht überschreiten. Sie kann auf bis zu zehn Stunden nur verlängert werden, wenn innerhalb von sechs Kalendermonaten oder innerhalb von 24 Wochen im Durchschnitt acht Stunden werktäglich nicht überschritten werden.

§ 9. Sonn- und Feiertagsruhe. (1) Arbeitnehmer dürfen an Sonn- und gesetzlichen Feiertagen von 0 bis 24 Uhr nicht beschäftigt werden.[1]

Auszug aus dem Bundesurlaubsgesetz

§ 1. Urlaubsanspruch. Jeder Arbeitnehmer hat in jedem Kalenderjahr Anspruch auf bezahlten Erholungsurlaub.

§ 3. Dauer des Urlaubs. (1) Der Urlaub beträgt jährlich mindestens 24 Werktage.
(2) Als Werktage gelten alle Kalendertage, die nicht Sonn- oder gesetzliche Feiertage sind.

§ 11. Urlaubsentgelt. (1) Das Urlaubsentgelt bemisst sich nach dem durchschnittlichen Arbeitsverdienst, das der Arbeitnehmer in den letzten dreizehn Wochen vor dem Beginn des Urlaubs erhalten hat, ... Zum Arbeitsentgelt gehörende Sachbezüge, die während des Urlaubs nicht weiter gewährt werden, sind für die Dauer des Urlaubs angemessen in bar abzugelten.
(2) Das Urlaubsentgelt ist vor Antritt des Urlaubs auszuzahlen.

Auszug aus dem Entgeltfortzahlungsgesetz

§ 3. Anspruch auf Entgeltfortzahlung im Krankheitsfall. (1) Wird ein Arbeitnehmer durch Arbeitsunfähigkeit infolge Krankheit an seiner Arbeitsleistung verhindert, ohne dass ihn ein Verschulden trifft, so hat er Anspruch auf Entgeltfortzahlung im Krankheitsfall durch den Arbeitgeber für die Zeit der Arbeitsunfähigkeit bis zur Dauer von sechs Wochen. ...

§ 4. Höhe des fortzuzahlenden Arbeitsentgelts. (1) Für den in § 3 Abs. 1 bezeichneten Zeitraum ist dem Arbeitnehmer das ihm bei der für ihn maßgebenden regelmäßigen Arbeitszeit zustehende Arbeitsentgelt fortzuzahlen. ...

E.9

---

[1] § 10 regelt zahlreiche Ausnahmen, z. B. Feuerwehr, Polizei, Krankenhäuser, Gastronomie.

DECKER GMBH

- Interne Mitteilung -
von: Persel/Personalabteilung
an: Schüler/in/Personalabteilung
Datum: ..-07-01

Erledigen von Einstellungsformalitäten

Sehr geehrte/r Frau/Herr Schüler/in,

bitte überprüfen Sie die Vollständigkeit folgender Unterlagen[1] unserer neuen Kraft:

— Urlaubsbescheinigung des vorherigen Arbeitgebers
— Lohnsteuerkarte
— Sozialversicherungsausweis (für die Anmeldung zur Sozialversicherung)
— Mitgliedsbescheinigung einer Krankenkasse
— Antrag auf Überweisung vermögenswirksamer Leistungen.

Bitte achten Sie darauf, ob eine Mitgliedsbescheinigung der Barmer Ersatzkasse vorliegt. Wir haben alle Mitarbeiter bei der Barmer versichert, da die Beschränkung auf eine einzige Krankenkasse weniger Verwaltungsaufwand für uns bedeutet. (Wir hätten uns ebenso für die AOK, die DAK oder eine andere gesetzliche Krankenkasse entscheiden können.)

Bitte füllen Sie anschließend das beiliegende Personalstammblatt (E.11) aus. Beachten Sie dazu folgende Informationen:

— Personal-Nr.:   63-A-100768-97
— Beitragsgruppe[2]:   1000/0200/0010/0001
— Beitragssatz BEK: 13,4 %
— Bankverbindung: Stadtsparkasse Köln
                             (BLZ 580 210 50)
                             Kto-Nr. 10 10 20 50

Mit freundlichem Gruß

i.V. Persel

---

[1] Die Unterlagen stellt die Lehrerin/der Lehrer zur Verfügung.
[2] Schlüssel der Krankenkasse.

E.10

Erstellung eines Personalstammblattes

Personalstammblatt	
Personalnummer	
Name, Vorname	
Geburtsdatum / -ort	
Familienstand	
Straße PLZ/Ort	
Telefon	
Abteilung	
Funktion	
Eintrittsdatum	
Lohn-/Gehaltsgruppe	
Finanzamt	
Steuerklasse	
Steuerfreibetrag / Monat	
Kinderfreibeträge	
Konfession	
Krankenkasse	
Beitragssatz	
Beitragsgruppe[1]	
Sozialversicherungsnummer	
Wochenarbeitszeit	
Urlaubsanspruch	
Bankverbindung	
Bankleitzahl	
Kontonummer	
Arbeitgeberanteil Vermögenswirksame Leistungen (VL)	
VL-Betrag	
Vertragsnummer VL	
Zahlungsempfänger VL	
Bankverbindung VL	
Bankleitzahl VL	
Kontonummer VL	

Urheberrechtlich geschützt. Stam 1680

E.11

---
[1] gemäß Beitragsnachweis der Krankenkasse

4.3 Zusammenfassung und Ergänzung: Personaleinstellung

Arbeitsauftrag:
Ergänzen Sie die folgenden Lückentexte.

1. Abschluss des Einzelarbeitsvertrags

Nach erfolgreichem _____ erfolgt der Abschluss eines _____ _____ zwischen zukünftigem Arbeitnehmer und Arbeitgeber. Da außer diesen Parteien niemand am Abschluss dieses Vertrags beteiligt ist, spricht man vom „Einzelarbeitsvertrag". Juristisch handelt es sich beim Arbeitsvertrag um einen _____, bei welchem generell Arbeitskraft gegen Vergütung geleistet wird (anders beim _____: Dieser verlangt die Leistung eines konkreten _____).

Grundsätzlich gilt in Deutschland das Prinzip der Vertragsfreiheit. Das bedeutet, dass der Vertrag einerseits keiner vorgeschriebenen Form bedarf (er kann also auch _____ abgeschlossen werden[1]), es sei denn, Gesetze, Tarifverträge oder Betriebsvereinbarungen verlangen etwas anderes. (Beispiel: § 4 BBiG Abs. 1 S.1 schreibt die Schriftform für Ausbildungsverträge vor.) Unabhängig davon ist die Schriftform grundsätzlich sinnvoll, da damit im Streitfall ein _____ vorgelegt werden kann. Andererseits kann auch der Inhalt des Arbeitsvertrages frei vereinbart werden, sofern Gesetz, Tarifverträge oder Betriebsvereinbarungen nichts anderes vorsehen. Üblicherweise werden folgende Inhalte im Arbeitsvertrag schriftlich vereinbart: Beginn des Arbeitsverhältnisses; Einsatzort; Tätigkeitsbezeichnung; Tätigkeitsbeschreibung; Probezeit; ggf. Befristungszeitraum; Vergütung (und deren Zusammensetzung); Mehrarbeit; Arbeitszeit; Urlaub; Zusatzleistungen des Unternehmens; Arbeitsverhinderung; Nebentätigkeit; Kündigungsfrist; ggf.: Verweis auf Bestimmungen in Tarifverträgen.

2. Einschränkungen der Vertragsfreiheit des Einzelarbeitsvertrags

Arbeitsgesetze: Jeder Einzelarbeitsvertrag muss mit den _____ unseres Staates (z. B. Jugendarbeitsschutzgesetz, Entgeltfortzahlungsgesetz, Mutterschutzgesetz, Kündigungsschutzgesetz) vereinbar sein. Diese werden vom Staat zum _____ aller Arbeitnehmer erlassen und sichern ihnen bestimmte Mindestrechte (wie z. B. bestimmte Ansprüche auf Zahlungen im Krankheitsfall). Auf diese Mindestrechte kann sich der Arbeitnehmer verlassen, denn sie dürfen in keinem Einzelarbeitsvertrag _____ werden.

Tarifverträge: In der Vergangenheit haben sich viele Arbeitnehmer zur Vertretung ihrer Interessen zu _____ zusammengeschlossen und versucht, in Verhandlungen mit einzelnen _____ oder _____ die Stellung der Arbeitnehmer über den gesetzlich garantierten Rechtsschutz hinaus zu _____. Diese kollektiv ausgehandelten Arbeitsbedingungen stehen in _____. Tarifverträge haben in Deutschland mittelbar oder unmittelbar Auswirkungen auf etwa 90% aller Arbeitsverhältnisse zwischen Arbeitgebern und Arbeitnehmern.

Für alle Mitglieder einer _____ sind die Bestimmungen der Tarifverträge verbindlich. Einzelvertragliche Regelungen dürfen nur dann abweichen, wenn sie für den Arbeitnehmer _____ sind. Darüber hinaus kann im Interesse der Allgemeinheit der Bundesminister für Arbeit und Sozialordnung im Einvernehmen mit Spitzenvertretern beider Parteien einen Tarifvertrag für „allgemein verbindlich" erklären. Dann gelten die Tarifverträge auch für alle bisher nicht tarifgebundenen Arbeitgeber und Arbeitnehmer.
Tarifverträge bestehen normalerweise aus mehreren Teilverträgen mit unterschiedlichen Laufzeiten Gewöhnlich werden unterschieden:

- _____, sie enthalten allgemeine Arbeitsbedingungen (z. B. Urlaub, Arbeitszeit, Verhalten bei Erkrankung),

- _____, sie ordnen die einzelnen Tätigkeiten den verschiedenen Entgeltgruppen zu,

- _____, diese enthalten das konkrete Entgelt für den Arbeitnehmer.

---

[1] Jedoch muss der Arbeitgeber dem Arbeitnehmer binnen zwei Monaten nach Arbeitsaufnahme ein unterschriebenes Schriftstück mit den wesentlichen Vertragsbedingungen aushändigen.

E.12

Um die tarifliche Vergütung einer bestimmten Stelle herauszufinden, wird in einem ersten Schritt mit Hilfe der betriebsinternen Stellenbeschreibung geklärt, welche Aufgaben und Qualifikationen mit dieser Stelle verbunden sind. In einem zweiten Schritt wird im _____ nachgesehen, welcher _____ diese Tätigkeitsbeschreibung entspricht. Schließlich ist unter der ermittelten Entgeltgruppe das konkrete Entgelt im _____ abzulesen.

Exkurs zur Entstehung von Tarifverträgen: Nach Ablauf oder Kündigung eines alten Tarifvertrags bilden beide Tarifparteien zur Führung der Tarifverhandlungen so genannte Tarifkommissionen. Diese handeln ohne staatliche Einmischung, also autonom, einen neuen Tarifvertrag aus – man spricht deshalb von _____. Wenn sich aber beide Seiten nicht einig werden, wird die Verhandlung als gescheitert erklärt. Wenn sich die Tarifparteien nun auf einen unparteiischen Schlichter einigen, kann ein Schlichtungsverfahren stattfinden, welches zum Abschluss eines Tarifvertrages beitragen soll. Wenn auch dieses Verfahren scheitert, so bereiten die Gewerkschaften den Arbeitskampf vor: Sofern 75 % der Gewerkschaftsmitglieder in einer so genannten Urabstimmung einem Arbeitskampf zustimmen, rufen die Gewerkschaften zum _____ (kollektive Arbeitsniederlegung) auf, den die Arbeitgeber ggf. mit _____ (vorübergehender Ausschluss von Arbeitnehmern) beantworten. Im Rahmen weiterer Verhandlungen kommt erst dann ein Tarifvertrag zustanden, wenn 25 % der Gewerkschaftsmitglieder in einer neuen Urabstimmung dem neuen Verhandlungsergebnis zustimmen. Streik und Aussperrung sind arbeitsrechtlich erlaubt, sofern sie nicht während der Laufzeit eines Tarifvertrags durchgeführt werden („Friedenspflicht").

Betriebsvereinbarungen: Sie werden zwischen dem _____, also der Arbeitnehmervertretung des einzelnen Betriebs, und der _____ für den einzelnen Betrieb schriftlich abgeschlossen und im Unternehmen z. B. durch Aushang allgemein zugänglich gemacht. Geregelt werden beispielsweise Verteilung der Arbeitszeit, Rauchverbot, soziale Maßnahmen und Meldung von Unfällen. Bestimmungen aus Tarifverträgen dürfen nicht Gegenstand von Betriebsvereinbarungen sein (§ 77 Abs. 3 BetrVG).

3. Einstellungsformalitäten

Nach Abschluss des Einzelarbeitsvertrags hat der Arbeitnehmer spätestens zu seinem Arbeitsbeginn folgende Unterlagen beim Arbeitgeber einzureichen:

_____ (erhältlich bei der Gemeinde), _____ (erhältlich bei der LVA[1] oder BfA[2]), _____ (erhältlich bei den Vermögensbildungsinstituten), ggf. _____ des vorherigen Arbeitgebers, ggf. Mitgliedsbescheinigung einer _____, ggf. ausstehende Bewerbungsunterlagen.

Der neue Mitarbeiter wird vom Arbeitgeber bei der gesetzlichen _____ angemeldet, welche automatisch die Anmeldung bei den anderen Sozialversicherungsträgern übernimmt. Ist der Arbeitnehmer bereits Mitglied einer Krankenkasse, welcher er auch weiterhin angehören möchte oder soll, so muss er dem Arbeitgeber seine _____ vorlegen. Auch in diesem Fall meldet der Arbeitgeber den Arbeitnehmer dort für die anderen _____ _____ an.

Handelt es sich um die erste sozialversicherungspflichtige Beschäftigung des Arbeitnehmers, so beantragt die Krankenkasse dessen Sozialversicherungsausweis beim zuständigen Träger der Rentenversicherung.

Auf der Lohnsteuerkarte des Arbeitnehmers findet der Arbeitgeber wichtige Informationen für die spätere Entgeltberechnung: _____ und _____. Die am Jahresende ausgefüllte _____ der Lohnsteuerkarte dient dem _____ als Jahreseinkommensnachweis.

4. Personalstammsatz

Mit Hilfe dieser Unterlagen kann der Arbeitgeber nun ein _____ erstellen, auf dem alle wichtigen Personaldaten des neuen Mitarbeiters enthalten sind. Damit liegen alle personengebundenen Daten auf einen Blick für die Personalverwaltung vor. In der Praxis wird das traditionelle Personalstammblatt bzw. die Personalkarteikarte überwiegend durch EDV-Systeme ersetzt. Diese erlauben die kostengünstige Speicherung großer Datenmengen, eine leichte Änderung der Stammsätze, maschinelle Auswertungen sowie die rasche Kombination und Zuordnung der Daten nach vorgegebenen Kriterien.

---

[1] Landesversicherungsanstalt für Arbeiter, Träger der gesetzlichen Rentenversicherung für Arbeiter
[2] Bundesversicherungsanstalt für Angestellte, Träger der gesetzlichen Rentenversicherung für Angestellte

E.12

5 Personalentlohnung

5.1 Aufbau einer Entgeltabrechnung

Schema zur Entgeltabrechnung

Arbeitsauftrag:

Ergänzen Sie das folgende Schema zur Entgeltabrechnung (ggf. mit Hilfe des Lexikons zur Entgeltabrechnung; F.2).
Rechte Felder: Bitte die entsprechende Position eintragen.
Linke Felder: Bitte anschließend „+", „–" oder „=" eintragen.

F.1

---

[1] zu berechnen vom „steuerpflichtigen Bruttoentgelt"

Lexikon zur Entgeltabrechnung

Arbeitslosenversicherung, Zweig der → Sozialversicherung. Jeder Arbeitnehmer ist verpflichtet, eine gesetzliche Arbeitslosenversicherung abzuschließen. Sinn dieser Versicherung ist der finanzielle Schutz der Arbeitnehmer bei Arbeitslosigkeit, die Vermittlung von Arbeitsplätzen, Durchführung von Maßnahmen zur Erhaltung und Förderung von Arbeitsplätzen usw. *Der monatliche Beitrag zur Arbeitslosenversicherung beträgt _____ %[1] vom Bruttogehalt des Arbeitnehmers. Dabei teilen Arbeitgeber und Arbeitnehmer sich diesen Beitrag, sodass dem Arbeitnehmer nur die Hälfte des Beitrags abgezogen wird. Beachte: Die → Beitragsbemessungsgrenze liegt hier bei _____ DM[2].*

Auszahlungsbetrag (auch: Überweisungsbetrag), der dem Arbeitnehmer letztlich ausgezahlte bzw. überwiesene Betrag. *Er ergibt sich aus dem Nettoentgelt zuzüglich → Kindergeld, vermindert um den Gesamtbetrag → vermögenswirksamer Leistungen.*

Beitragsbemessungsgrenze, monatliche Einkommensgrenze, ab der der Sozialversicherungsbeitrag der betreffenden → Sozialversicherung nicht mehr steigt, sondern konstant bleibt. Mit anderen Worten: Auch wenn man über ein Gehalt verfügt, das *über der jeweiligen* Beitragsbemessungsgrenze liegt, zahlt man nur einen genauso hohen Beitrag wie derjenige, dessen Gehalt gleich der Beitragsbemessungsgrenze ist. Die Beitragsbemessungsgrenzen betragen:

- bei der Kranken- und der Pflegeversicherung:
  _____ DM[3]

- bei der Arbeitslosen- und der Rentenversicherung:
  _____ DM[4]

Bruttoentgelt, monatliche Gesamtsumme aller Zahlungen des Arbeitgebers an den Arbeitnehmer vor allen Abzügen (ohne Arbeitgeberanteil zur Sozialversicherung).

Einkommensteuer, Steuer, die gemäß Einkommensteuergesetz von allen Einkünften natürlicher Personen über die Finanzämter an Bund, Länder und Gemeinden entrichtet werden muss.

Entgelt, zunehmend gebräuchlicher Oberbegriff für Lohn (Arbeiterentgelt) und/oder Gehalt (Angestelltenentgelt).

Freibetrag, ein von der Besteuerung freibleibender Teil des steuerpflichtigen Betrags (nicht zu verwechseln mit → Kinderfreibetrag!), der die monatliche Lohnsteuerbelastung des Arbeitnehmers senkt: *Das Bruttoentgelt wird gegenüber dem Finanzamt um diesen Freibetrag vermindert, bevor es versteuert wird.* Lohnsteuerfreibeträge können beim Finanzamt in bestimmten Fällen beantragt werden (z. B. bei hohen monatlichen Aufwendungen des Arbeitnehmers) und werden dann auf der Lohnsteuerkarte eingetragen.

Freiwillig Krankenversicherte, → Krankenversicherung.

Gehalt, → Entgelt.

Geringfügig Beschäftigte, Arbeitnehmer, deren Arbeitsentgelt _____ DM[5] insgesamt nicht übersteigt und die regelmäßig weniger als 15 Stunden pro Woche arbeiten. Geringfügig Beschäftigte sind steuerfrei und werden sozialversicherungsrechtlich gesondert behandelt.

Kinderfreibetrag, → Freibeträge für Kinder auf der Lohnsteuerkarte. Kinderfreibeträge werden aber nur insoweit berücksichtigt, als die steuerliche Auswirkung das Kindergeld übersteigt - und das kann erst am Ende des Kalenderjahres festgestellt werden. Mit anderen Worten: Kinderfreibeträge spielen nur bei hohem Einkommen eine Rolle, wenn die Steuerermäßigung höher ist als das wahlweise zu beziehende Kindergeld. Siehe auch: Kinderfreibeträge auf der Lohnsteuerkarte.

Kinderfreibeträge auf der Lohnsteuerkarte sind erforderlich, um in der Lohnsteuertabelle den → Solidaritätszuschlag und die → Kirchensteuer zu ermitteln – unabhängig davon, ob der Arbeitnehmer sich am Jahresende für das Kindergeld oder die Kinderfreibeträge entscheidet. Berechnung: Jedes Kind wird mit dem Zähler 0,5 (= ein halber Kinderfreibetrag) berücksichtigt. Der Zähler erhöht sich unter bestimmten Umständen auf 1 (= ein ganzer Kinderfreibetrag, z. B. wenn die Eltern des Kindes verheiratet sind und im Inland zusammenleben).

F.2

---

[1] 2000: 6,5%
[2] 2000: 8.600,00 DM
[3] 2000: 6.450,00 DM
[4] 2000: 8.600,00 DM
[5] 2000: 630,00 DM

Kirchensteuer. Neben der Lohnsteuer werden in der Entgeltabrechnung auch Kirchensteuern vom Arbeitsentgelt abgezogen, sofern der Arbeitnehmer einer „steuererhebenden Religionsgemeinschaft" angehört. (In NRW sind das: evangelische, katholische und bestimmte jüdische Gemeinden.) *Die Kirchensteuer kann aus der Lohnsteuertabelle abgelesen werden. Arbeitnehmer ohne Kinder zahlen _____ %[1] der Lohnsteuer. Mit zunehmender Kinderzahl (siehe unter „mit Zahl der Kinderfreibeträge" in der Tabelle) verringert sich die Kirchensteuer gemäß einem Berechnungsschlüssel.*

Krankenversicherung, Zweig der → Sozialversicherung. Jeder Arbeitnehmer ist gesetzlich verpflichtet, bei einer Krankenkasse eine Krankenversicherung abzuschließen. (Ausnahme: siehe → Pflichtversicherungsgrenze). Die Krankenversicherung soll dem versicherten Arbeitnehmer und seinen Familienangehörigen bei Krankheit und (den meisten) Unfällen ermöglichen, die Kosten für die Hilfe durch Ärzte, Zahnärzte, Krankenhäuser sowie die erforderlichen Heilbehandlungen (z. B. Kuren) und Heilmittel (z. B. Medikamente) ersetzt zu bekommen. *Der Krankenversicherungsbeitrag beträgt je nach Krankenkasse zwischen ca. 12 % und 16 % des Bruttoentgelts des Arbeitnehmers. Dabei teilen Arbeitgeber und Arbeitnehmer sich diesen Betrag, sodass dem Arbeitnehmer nur die Hälfte des Beitrags abgezogen wird. Beachte: Die → Beitragsbemessungsgrenze liegt bei _____ DM[2] Arbeitsentgelt.*

Lohn, → Entgelt.

Lohnsteuer, die bei Einkünften aus nicht selbstständiger Arbeit durch Abzug vom Arbeitsentgelt erhobene → Einkommensteuer. Berechnungsgrundlage ist das Bruttoentgelt abzüglich eines möglichen → Freibetrags. Die Lohnsteuer kann aus der Lohnsteuertabelle abgelesen werden.

Lohnsteuerfreibetrag → Freibetrag.

Lohnsteuerklasse, auf der Lohnsteuerkarte eingetragene Klasse, welcher jeder Arbeitnehmer zu Zwecken der Besteuerung zugeordnet wird:

Klasse I: Ledige, geschiedene, verwitwete oder verheiratete Arbeitnehmer, die von ihrem Ehegatten dauernd getrennt leben, oder deren Ehegatte im Ausland lebt.

Klasse II: Die in Steuerklasse I genannten Arbeitnehmer, in deren inländischer Wohnung mindestens ein Kind gemeldet ist.

Klasse III: Verheiratete Arbeitnehmer, die nicht dauernd getrennt leben und deren Ehegatten kein Einkommen beziehen oder auf Antrag in Steuerklasse V eingestuft wurden. Auch: Geschiedene Ehegatten in dem Kalenderjahr, in dem die Ehe aufgelöst wurde. *Auch:* Verwitwete Ehegatten in dem Kalenderjahr, das dem Todesjahr des Ehegatten folgt.

Klasse IV: Verheiratete Arbeitnehmer, die nicht dauernd getrennt im Inland leben und beide Arbeitsentgelt beziehen.

Klasse V: Arbeitnehmer erhalten diese Steuerklasse statt Steuerklasse IV, wenn der andere Ehegatte auf Antrag in Steuerklasse III eingestuft wurde.

Klasse VI: Arbeitnehmer, die gleichzeitig Arbeitsentgelt mehrerer Arbeitgeber beziehen.

Nettoentgelt, monatliches Bruttoentgelt nach Abzug aller Steuern, Beiträge und anderer Abzüge, welches dem Arbeitnehmer „letztlich" rechtlich zusteht. Es ist nicht unbedingt identisch mit dem → Auszahlungsbetrag.

Pflegeversicherung, Zweig der → Sozialversicherung. Jeder Arbeitnehmer, der krankenversicherungspflichtig ist, ist auch gesetzlich verpflichtet, eine Pflegeversicherung abzuschließen. Sie soll das Risiko einer Pflegebedürftigkeit im Alter aufgrund von Krankheit und Behinderung absichern. *Der Beitrag beträgt _____ %[3] des Bruttoentgelts des Arbeitnehmers. Dabei teilen Arbeitgeber und Arbeitnehmer sich diesen Betrag, sodass dem Arbeitnehmer nur die Hälfte des Beitrags abgezogen wird. Beachte: Die → Beitragsbemessungsgrenze liegt hier bei _____ DM[4].*

F.2

---

[1] 2000: in Baden-Württemberg, Bayern, Bremen und Hamburg: 8 % in den übrigen Bundesländern 9 %
[2] 2000: 6.450,00 DM
[3] 2000: 1,7 %
[4] 2000: 6.450,00 DM

Pflichtversicherungsgrenze, Arbeitnehmer, deren durchschnittliches Jahreseinkommen über der → Beitragsbemessungsgrenze der Kranken- bzw. Pflegeversicherung liegt, sind nicht verpflichtet, Mitglied der gesetzlichen Kranken- oder Pflegeversicherung zu sein. Eine Befreiung von der Versicherungspflicht für die Arbeitslosen- und die Rentenversicherung ist für Arbeitnehmer nicht möglich.

Rentenversicherung, Zweig der → Sozialversicherung. Jeder Arbeitnehmer ist gesetzlich verpflichtet, eine gesetzliche Rentenversicherung abzuschließen. Sie soll dem Arbeitnehmer bzw. seinen Angehörigen im Falle der Berufsunfähigkeit, der Erwerbsunfähigkeit, des Alters sowie des Todes laufende Geldleistungen gewähren. *Der monatliche Beitrag zur Rentenversicherung beträgt _____ %[1] vom Bruttoentgelt des Arbeitnehmers. Dabei teilen sich Arbeitgeber und Arbeitnehmer diesen Beitrag, sodass dem Arbeitnehmer nur die Hälfte des Beitrages abgezogen wird. Beachte: Die → Beitragsbemessungsgrenze liegt hier bei _____ DM[2].*

Solidaritätszuschlag. Steuerähnlicher Entgeltabzug, der sich nach der Höhe der Lohnsteuer bemisst. Sinn dieses steuerähnlichen Abzugs ist die gemeinschaftliche Unterstützung der Integration der neuen Bundesländer. *Der Solidaritätszuschlag kann in der Lohnsteuertabelle abgelesen werden. Arbeitnehmer ohne Kinder zahlen _____%[3] der Lohnsteuer. Das gilt nicht, wenn Kinderfreibeträge auf der Lohnsteuerkarte eingetragen sind, denn dann bemisst sich der Solidaritätszuschlag nach einer fiktiven Lohnsteuer.*

Sonderzahlungen, Zuschüsse, die der Arbeitgeber neben dem → Tarif- / Grundentgelt bezahlt, z. B. Kleidergeld und Mietzuschüsse, aber auch Weihnachtsgeld als einmalige Sonderzahlung.

Sozialversicherungen, Kranken- Pflege-, Arbeitslosen-, Renten- und Unfallversicherung, die im Gegensatz zu den Individualversicherungen gesetzlich vorgeschrieben sind. Die Unfallversicherung trägt der Arbeitgeber als einzige allein. Alle anderen Sozialversicherungsbeiträge werden vom Arbeitgeber und Arbeitnehmer zu je 50 % aufgebracht.

Steuerpflichtiges Bruttoentgelt. Das Entgelt welches der Besteuerung zu Grunde gelegt wird. *Es setzt sich zusammen aus dem → Bruttoentgelt abzüglich → Freibetrag.*

Tarifentgelt, das zwischen Arbeitgeberverbänden und Gewerkschaften einer Branche ausgehandelte und in den Entgelttarifverträgen (= Lohn- und Gehaltstarifverträgen) festgeschriebene Monatsentgelt für Arbeitnehmer. Je nach Niveau der Tätigkeit sind diese Verträge in verschiedene Entgeltgruppen unterteilt. *Dieses Entgelt liegt der Entgeltabrechnung (Lohn- oder Gehaltsabrechnung) zugrunde, wenn das betreffende Unternehmen einer Tarifpartei angehört. Ansonsten spricht man vom „Grundentgelt".*

Tarifpartei, Arbeitgeber bzw. Arbeitgeberverbände einerseits und Gewerkschaften andererseits, welche ohne Eingriff von außen (daher: Tarifautonomie) Tarifverträge miteinander abschließen.

Vermögenswirksame Leistungen, Geldleistungen, die dem Arbeitnehmer nicht ausgezahlt, sondern für ihn langfristig angelegt werden (Bausparvertrag, Lebensversicherung usw.). *Je nach Vertrag zahlt auch der Arbeitgeber einen Anteil dazu, welcher zum Tarif- oder Grundentgelt hinzugerechnet wird.* Der Arbeitnehmer hat auf diese Leistungen einen Anspruch, wenn sie im Tarifvertrag, den Betriebsvereinbarungen oder im Einzelarbeitsvertrag vorgesehen sind. Dabei darf er sich die Anlage aussuchen. Sinn der vermögenswirksamen Leistungen ist die Hilfe bei der Vermögensbildung von Arbeitnehmern: Nach dem zurzeit geltenden 5. Vermögensbildungsgesetz zahlt der Staat (unter bestimmten Voraussetzungen) dem Arbeitnehmer jährlich eine „Sparzulage" von 10 % auf die vermögenswirksamen Leistungen von maximal 936,00 DM pro Jahr (also 78,00 DM monatlich).

Vorschüsse werden dem Nettoentgelt hinzugerechnet oder, bei Rückzahlung, vom Nettoentgelt abgezogen.

Zuschlag, Entlohnung für geleistete Mehr-, Sonn-, Feiertags-, Nacht- und Schichtarbeit.

F.2

---

[1] 2000: 19,3 %
[2] 2000: 8.600,00 DM
[3] 2000: 5,5 %

DECKER GMBH

- Interne Mitteilung -

von:	Persel/Personalabteilung
an:	Schüler/in/Personalabteilung
Datum:	..-06-25

Erstellung einer Gehaltsabrechnung

Sehr geehrte/r Frau/Herr Schüler/in,

ergänzen Sie bitte das folgende Gehaltsabrechnungsformular, indem Sie auf der linken Seite die jeweiligen Positionen eintragen.

Erstellen Sie anschließend die Gehaltsabrechnung (F.4) Monat Juli für unsere neue Kraft. Die erforderlichen Daten entnehmen Sie bitte

— dem Anstellungsvertrag (E.2)
— dem Personalstammblatt (E.11)
— der Steuertabelle (F.5)
— dem beiliegenden „Lexikon zur Entgeltabrechnung" (F.2).

Zuschläge sowie Sonderzahlungen sind nicht vorgesehen.

Mit freundlichen Grüßen

i.V. Persel

F.3

Gehaltsabrechnung für die (den) neue(n) Mitarbeiter(in)

oder

DECKER GMBH

Gehaltsabrechnung   **Monat:** . . . . **20..**

Name: _____	**Personalnummer:** _____
Steuerklasse: _____	**Konfession:** _____ **Kinderfreibetrag:** _____

Tarif/Grundgehalt: . . . . _____

_____ : _____

_____ : _____

_____ : _____

Bruttogehalt: . . . . _____

_____ : _____

_____ : _____

_____ : _____

_____ : _____

_____ : _____

Abzüge Steuern: . . . . _____

_____ : _____

_____ : _____

_____ : _____

_____ : _____

Abzüge Sozialversicherungsbeiträge: . . . . _____

_____ : _____

_____ : _____

_____ : _____

_____ : _____

F.4

Lohnsteuertabelle (Auszüge)[1]

Abzüge an Lohnsteuer, Solidaritätszuschlag (SolZ) und Kirchensteuer (9%) in den Steuerklassen

Spaltenlegende: *I–IV ohne Kinderfreibeträge* (LSt, SolZ, KiSt) — *I, II, III, VI mit Zahl der Kinderfreibeträge* (LSt, dann je SolZ / KiSt für 0,5 · 1 · 1,5 · 2 · 2,5 · 3 · 3,5 · 4)

Soz-Vers. K/L M	Lohn/Gehalt Versorgungsbezug bis DM	StKl	LSt	SolZ	KiSt	StKl	LSt	0,5	1	1,5	2	2,5	3	3,5	4
313,12 / 100,26 / 26,22	3 087,15 / 3 587,15	I,IV	433,66	32,52	39,02	I	433,66	26,28 / 31,54	20,18 / 24,21	14,20 / 17,03	0,08 / 10,02	— / 3,15	— / —	— / —	— / —
		II	299,41	22,45	26,94	II	299,41	16,43 / 19,71	5,88 / 12,63	— / 5,71	— / —	—	—	—	—
		III	70,16	—	6,31	III	70,16	—	—	—	—	—	—	—	—
		V	871,16	65,33	78,40	IV	433,66	29,39 / 35,27	26,28 / 31,54	23,21 / 27,86	20,18 / 24,21	17,17 / 20,61	14,20 / 17,03	7,83 / 13,51	0,08 / 10,02
		VI	931,66	69,87	83,84										
313,57 / 100,41 / 26,26	3 091,65 / 3 591,65	I,IV	435,—	32,62	39,15	I	435,—	26,38 / 31,66	20,27 / 24,32	14,29 / 17,15	0,31 / 10,13	— / 3,26	—	—	—
		II	300,66	22,55	27,05	II	300,66	16,52 / 19,82	6,13 / 12,74	— / 5,81	—	—	—	—	—
		III	72,50	—	6,52	III	72,50	—	—	—	—	—	—	—	—
		V	872,83	65,46	78,55	IV	435,—	29,48 / 35,38	26,38 / 31,66	23,31 / 27,97	20,27 / 24,32	17,26 / 20,72	14,29 / 17,15	8,06 / 13,61	0,31 / 10,13
		VI	933,33	70,—	83,99										
314,03 / 100,55 / 26,30	3 096,15 / 3 596,15	I,IV	436,33	32,72	39,26	I	436,33	26,48 / 31,77	20,36 / 24,44	14,38 / 17,26	0,55 / 10,23	— / 3,37	—	—	—
		II	301,91	22,64	27,17	II	301,91	16,61 / 19,93	6,36 / 12,85	— / 5,93	—	—	—	—	—
		III	72,50	—	6,52	III	72,50	—	—	—	—	—	—	—	—
		V	874,33	66,57	78,68	IV	436,33	29,58 / 35,50	26,48 / 31,77	23,40 / 28,08	20,36 / 24,44	17,36 / 20,83	14,38 / 17,26	8,31 / 13,73	0,55 / 10,23
		VI	934,93	70,11	83,13										
314,49 / 100,70 / 26,34	3 100,65 / 3 600,65	I,IV	437,58	32,81	39,38	I	437,58	26,57 / 31,88	20,46 / 24,55	14,48 / 17,37	0,80 / 10,35	— / 3,47	—	—	—
		II	303,52	22,74	27,29	II	303,25	16,70 / 20,04	6,61 / 12,96	— / 6,03	—	—	—	—	—
		III	75,—	—	6,75	III	75,—	—	—	—	—	—	—	—	—
		V	876,—	65,70	78,84	IV	437,58	29,68 / 35,61	26,57 / 31,88	23,50 / 28,20	20,46 / 24,55	17,45 / 20,94	14,48 / 17,37	8,56 / 13,84	0,80 / 10,35
		VI	936,66	70,25	84,29										
314,94 / 100,84 / 26,37	3 105,15 / 3 605,15	I,IV	438,91	32,91	39,50	I	438,91	26,67 / 32,—	20,55 / 24,66	14,57 / 17,48	1,03 / 10,45	— / 3,58	—	—	—
		II	304,50	22,83	27,40	II	304,50	16,80 / 20,16	6,85 / 13,07	— / 6,14	—	—	—	—	—
		III	75,—	—	6,75	III	75,—	—	—	—	—	—	—	—	—
		V	877,66	65,82	78,98	IV	438,91	29,78 / 35,73	26,67 / 32,—	23,60 / 28,31	20,55 / 24,66	17,55 / 21,06	14,57 / 17,48	8,80 / 13,95	1,03 / 10,45
		VI	938,16	70,36	83,43										
370,21 / 118,54 / 31,—	3 649,65 / 4 149,65	I,IV	602,41	45,18	54,21	I	602,41	38,69 / 46,43	32,33 / 38,79	26,09 / 31,31	19,99 / 23,99	14,01 / 16,82	— / 9,81	— / 2,94	— / —
		II	462,66	34,70	41,63	II	462,66	28,41 / 34,10	22,26 / 26,71	16,24 / 19,49	5,40 / 12,42	— / 5,50	—	—	—
		III	189,16	—	17,02	III	189,16	— / 10,15	— / 3,35	—	—	—	—	—	—
		V	1 079,83	80,98	97,18	IV	602,41	41,91 / 50,30	38,69 / 46,43	35,49 / 42,59	32,33 / 38,79	29,19 / 35,03	26,09 / 31,31	23,02 / 27,63	19,99 / 23,99
		VI	1 144,16	85,81	102,97										
370,67 / 118,69 / 31,04	3 654,15 / 4 154,15	I,IV	603,83	45,28	54,34	I	603,83	38,79 / 46,55	32,42 / 38,90	26,19 / 31,43	20,08 / 24,10	14,11 / 16,93	— / 9,91	— / 3,05	— / —
		II	464,—	34,80	41,76	II	464,—	28,51 / 34,21	22,36 / 26,83	16,33 / 19,60	5,63 / 12,52	— / 5,60	—	—	—
		III	191,50	—	17,23	III	191,50	— / 10,36	— / 3,56	—	—	—	—	—	—
		V	1 081,66	81,12	97,34	IV	603,83	42,02 / 50,42	38,79 / 46,55	35,59 / 42,71	32,42 / 38,90	29,29 / 35,15	26,19 / 31,43	23,12 / 27,74	20,08 / 24,10
		VI	1 145,83	85,93	103,12										
371,12 / 118,83 / 31,08	3 658,65 / 4 158,65	I,IV	605,16	45,38	54,46	I	605,16	38,89 / 46,67	32,52 / 39,02	26,28 / 31,54	20,18 / 24,21	14,20 / 17,03	0,08 / 10,02	— / 3,15	— / —
		II	465,33	34,90	41,87	II	465,33	28,61 / 34,33	22,45 / 26,94	16,43 / 19,71	5,88 / 12,63	— / 5,71	—	—	—
		III	191,50	—	17,23	III	191,50	— / 10,36	— / 3,56	—	—	—	—	—	—
		V	1 083,33	81,25	97,49	IV	605,16	42,12 / 50,54	38,89 / 46,67	35,69 / 42,82	32,52 / 39,02	29,39 / 35,27	26,28 / 31,54	23,21 / 27,86	20,18 / 24,21
		VI	1 147,83	86,08	103,30										
371,58 / 118,98 / 31,12	3 363,15 / 4 163,15	I,IV	606,50	45,48	54,58	I	606,50	38,99 / 46,79	32,62 / 39,15	26,38 / 31,66	20,27 / 24,32	14,29 / 17,15	0,31 / 10,13	— / 3,26	— / —
		II	466,58	34,99	41,99	II	466,58	28,70 / 34,44	22,55 / 27,05	16,52 / 19,82	6,13 / 12,74	— / 5,81	—	—	—
		III	193,83	—	17,44	III	193,83	— / 10,57	— / 3,78	—	—	—	—	—	—
		V	1 085,16	81,38	97,66	IV	606,50	42,22 / 50,67	38,99 / 46,79	35,79 / 42,95	32,62 / 39,15	29,48 / 35,38	26,38 / 31,66	23,31 / 27,97	20,27 / 24,32
		VI	1 149,50	86,21	103,45										
826,05 / 264,50	8 140,65 / 8 640,65	I,IV	2 245,58	168,41	202,10	I	2 245,58	158,94 / 190,73	149,69 / 179,63	140,67 / 168,80	131,88 / 158,25	123,31 / 147,97	114,97 / 137,97	106,86 / 128,23	98,97 / 118,76
		II	2 041,83	153,13	183,76	II	2 041,83	144,03 / 172,83	135,15 / 162,18	126,50 / 151,79	118,07 / 141,68	109,87 / 131,85	101,90 / 122,28	94,16 / 112,99	86,64 / 103,97
		III	1 516,16	113,71	136,45	III	1 516,16	106,96 / 128,35	100,27 / 120,33	93,65 / 112,37	87,10 / 104,51	80,60 / 96,71	74,17 / 89,01	67,81 / 81,37	61,51 / 73,81
		V	3 322,33	249,17	299,—	IV	2 245,58	163,65 / 196,38	158,94 / 190,73	154,29 / 185,15	149,69 / 179,63	145,15 / 174,18	140,67 / 168,80	136,25 / 163,49	131,88 / 158,25
		VI	3 410,58	255,79	306,95										
826,50 / 264,64	8 145,15 / 8 645,15	I,IV	2 247,58	168,56	202,28	I	2 247,58	159,08 / 190,90	149,83 / 179,80	140,81 / 168,97	132,01 / 158,42	123,45 / 148,14	115,10 / 138,12	106,98 / 128,38	99,10 / 118,91
		II	2 043,75	153,28	183,93	II	2 043,75	144,17 / 173,—	135,28 / 162,34	126,63 / 151,96	118,20 / 141,84	110,— / 132,—	102,03 / 122,43	94,28 / 113,13	86,76 / 104,11
		III	1 516,16	113,71	136,45	III	1 516,16	106,06 / 128,35	100,27 / 120,33	93,65 / 112,37	87,10 / 104,51	80,60 / 96,71	74,17 / 89,01	67,81 / 81,37	61,51 / 73,81
		V	3 324,66	249,35	299,21	IV	2 257,58	163,80 / 196,56	159,08 / 190,90	154,43 / 185,32	149,83 / 179,80	145,30 / 174,35	140,81 / 168,97	136,38 / 163,66	132,01 / 158,42
		VI	3 412,91	255,96	307,16										
826,96 / 264,79	8 149,65 / 8 649,65	I,IV	2 249,58	168,71	202,46	I	2 249,58	159,23 / 191,08	149,98 / 179,97	140,95 / 169,14	132,15 / 158,58	123,58 / 148,29	115,23 / 138,27	107,11 / 128,53	99,21 / 119,06
		II	2 045,66	153,42	184,10	II	2 045,66	144,31 / 173,17	135,42 / 162,50	126,76 / 152,12	118,33 / 142,—	110,13 / 132,15	102,15 / 122,58	94,40 / 113,27	86,87 / 104,24
		III	1 519,—	113,92	136,71	III	1 519,—	107,16 / 128,59	100,47 / 120,56	93,86 / 112,63	87,30 / 104,76	80,80 / 96,95	74,37 / 89,24	68,01 / 81,61	61,71 / 74,05
		V	3 327,08	249,53	299,43	IV	2 249,58	163,95 / 196,74	159,23 / 191,08	154,58 / 185,49	149,98 / 179,97	145,43 / 174,52	140,95 / 169,14	136,52 / 163,82	132,15 / 158,58
		VI	3 415,33	256,15	307,37										
827,42 / 264,94	8 154,15 / 8 654,15	I,IV	2 251,58	168,86	202,64	I	2 251,58	159,38 / 191,25	150,12 / 180,14	141,09 / 169,31	132,28 / 158,74	123,71 / 148,45	115,36 / 138,43	107,23 / 128,68	99,33 / 119,20
		II	2 047,58	153,56	184,28	II	2 047,58	144,45 / 173,34	135,56 / 162,67	126,90 / 152,28	118,46 / 142,16	110,25 / 132,30	102,27 / 122,72	94,51 / 113,42	86,99 / 104,39
		III	1 519,—	113,92	136,71	III	1 519,—	107,16 / 128,59	100,47 / 120,56	93,86 / 112,63	87,30 / 104,76	80,80 / 96,95	74,37 / 89,24	68,01 / 81,61	61,71 / 74,05
		V	3 329,50	249,71	299,65	IV	2 251,58	164,10 / 196,92	159,38 / 191,25	154,72 / 185,67	150,12 / 180,14	145,58 / 174,69	141,09 / 169,31	136,66 / 163,99	132,28 / 158,74
		VI	3 417,75	256,33	307,59										
627,87 / 265,08	8 158,65 / 8 658,65	I,IV	2 253,58	169,01	202,82	I	2 253,58	159,53 / 191,43	150,26 / 180,32	141,23 / 169,47	132,42 / 158,90	123,84 / 148,61	115,48 / 138,58	107,36 / 128,83	99,46 / 119,35
		II	2 049,50	153,71	184,45	II	2 049,50	144,59 / 173,51	135,70 / 162,83	127,03 / 152,44	118,59 / 142,31	110,38 / 132,45	102,40 / 122,87	94,63 / 113,56	87,10 / 104,52
		III	1 521,83	114,13	136,96	III	1 521,83	107,37 / 128,84	100,68 / 120,82	94,06 / 112,87	87,50 / 104,99	81,01 / 97,21	74,57 / 89,48	68,21 / 81,85	61,91 / 74,29
		V	3 331,83	249,88	299,86	IV	2 253,58	164,24 / 197,09	159,53 / 191,43	154,86 / 185,84	150,26 / 180,32	145,72 / 174,87	141,23 / 169,47	136,80 / 164,16	132,42 / 158,90
		VI	3 420,08	256,50	307,80										

F.5

---

[1] Quelle: Allgemeine Tabelle Gesamtabzug Monat, Stollfuß Verlag, Bonn.

DECKER GMBH

- Interne Mitteilung -

von:	Persel/Personalabteilung
an:	Schüler/in/Personalabteilung
Datum:	..-06-27

Erstellung weiterer Gehaltsabrechnungen und der Gehaltsliste

Sehr geehrte/r Frau/Herr Schüler/in,

bitte erstellen Sie auch die Gehaltsabrechnungen für Frau Preisler (F.8) sowie unseren außertariflich bezahlten Mitarbeitern Herrn Brehm (F.10). Bitte achten Sie besonders auf:

· Konfession
· Beitragsbemessungsgrenzen (siehe Lexikon, F.2).

Erstellen Sie anschließend die Gehaltsliste unseres Unternehmens für den Monat Juli, das entsprechende Formblatt (F.11) liegt Ihnen vor.

Übernehmen Sie dann die erforderlichen Beträge aus der Gehaltsliste in die beiliegenden Formulare „Lohnsteuer-Anmeldung" für das Finanzamt (F.12) und „Beitragsnachweis" für die Krankenkasse (F.13). Beachten Sie dabei, dass Herr Brehm freiwillig krankenversichert ist und informieren Sie sich dazu mit Hilfe des Lexikons.

Mit freundlichen Grüßen

i.V. Persel

F.6

Personalstammblatt von Susanne Preisler

Personalstammblatt	
Personalnummer	22-L-220560-95
Name, Vorname	Preisler, Susanne
Geburtsdatum / -ort	1960-05-20, Emmerich
Familienstand	geschieden
Straße PLZ/Ort	Hauptstr. 147 50121 Köln
Telefon	(02 21) 20 30 40
Abteilung	Einkauf
Funktion	Auftragsbearbeitung
Eintrittsdatum	1982-04-01
Lohn-/Gehaltsgruppe	IV (seit 1986)
Finanzamt	Köln-Süd
Steuerklasse	II
Steuerfreibetrag / Monat	—
Kinderfreibetrag	0,5
Konfession	ev.
Krankenkasse	Barmer Ersatzkasse
Beitragssatz	13,4 %
Beitragsgruppe[1]	1000/0200/0010/0001
Sozialversicherungsnummer	24220560 P 024
Wochenarbeitszeit	38,5 Std.
Urlaubsanspruch	30 Tage/Kalenderjahr
Bankverbindung	Commerzbank Köln
Bankleitzahl	590 120 00
Kontonummer	90 90 90 90
Arbeitgeberanteil Vermögenswirksame Leistungen (VL)	52,00 DM
VL-Betrag	78,00 DM
Vertragsnummer VL	509 124 555
Zahlungsempfänger VL	HUK Coburg
Bankverbindung VL	Deutsche Bank Coburg
Bankleitzahl VL	810 520 00
Kontonummer VL	60 60 60 70

F.7

Urheberrechtlich geschützt. Stam 1680

---

[1] gemäß Beitragsnachweis der Krankenkasse

oder

DECKER GMBH

Gehaltsabrechnung   **Monat:** . . . . **20..**

Name: _____	**Personalnummer:** _____
Steuerklasse: _____ **Konfession:** _____	**Kinderfreibetrag:** _____

Tarif/Grundgehalt: . . . . _____

_____ : _____

_____ : _____

_____ : _____

Bruttogehalt: . . . . _____

_____ : _____

_____ : _____

_____ : _____

_____ : _____

_____ : _____

Abzüge Steuern: . . . . _____

_____ : _____

_____ : _____

_____ : _____

_____ : _____

Abzüge Sozialversicherungsbeiträge: . . . . _____

_____ : _____

_____ : _____

_____ : _____

_____ : _____

F.8

Personalstammblatt von Joachim Brehm

Personalstammblatt	
Personalnummer	88-N-080862-91
Name, Vorname	Brehm, Joachim
Geburtsdatum / -ort	1962-08-08, Lingen, Ems
Familienstand	verheiratet, 3 Kinder
Straße PLZ/Ort	Neusser Str. 212 50122 Köln
Telefon	(02 21) 69 54 99
Abteilung	Beschaffung
Funktion	Leitung Zentralbereich
Eintrittsdatum	1991-10-01
Lohn-/Gehaltsgruppe	AT: 8.600,00 DM
Finanzamt	Köln-Nord
Steuerklasse	III
Steuerfreibetrag / Monat	500,00 DM
Kinderfreibetrag	3
Konfession	—
Krankenkasse	Barmer Ersatzkasse
Beitragssatz	13,4 %
Beitragsgruppe[1]	freiwillig kranken- und pflegever- sichert: 900/850
Sozialversicherungsnummer	11080862 B 022
Wochenarbeitszeit	40
Urlaubsanspruch	35 Tage
Bankverbindung	Deutsche Bank Köln
Bankleitzahl	520 220 110
Kontonummer	80 80 80 90
Arbeitgeberanteil Vermögenswirksame Leistungen (VL)	52,00 DM
VL-Betrag	78,00 DM
Vertragsnummer VL	600 125 411
Zahlungsempfänger VL	Allianz
Bankverbindung VL	Postbank Berlin
Bankleitzahl VL	610 500 00
Kontonummer VL	60 50 40 30

F.9

---

[1] gemäß Beitragsnachweis der Krankenkasse

DECKER GMBH

Gehaltsabrechnung   **Monat:** . . . . **20..**

oder

Name: _____	Personalnummer: _____
Steuerklasse: _____ Konfession: _____ Kinderfreibetrag: _____	

Tarif/Grundgehalt: . . . . _____

_____ : _____

_____ : _____

_____ : _____

Bruttogehalt: . . . . _____

_____ : _____

_____ : _____

_____ : _____

_____ : _____

_____ : _____

Abzüge Steuern: . . . . _____

_____ : _____

_____ : _____

_____ : _____

_____ : _____

Abzüge Sozialversicherungsbeiträge: . . . . _____

_____ : _____

_____ : _____

_____ : _____

_____ : _____

F.10

Gehaltsliste[1]

DECKER GMBH

✍ für Monat: _____

Name	Tarif-entgelt	VL AG	Brutto-entgelt	Abzüge in DM									Netto-entgelt	sonst. Abzüge	Vor-schüsse	Aus-zahl-betrag	SV-Anteil AG
				Lohn-steuer	Solidar-zuschl.	KiSt. rk.	KiSt. ev.	KV AN	PV AN	RV AN	ALV AN	Summe Abzüge					
Brehm																	
Müller																	
Preisler																	
Summe:																	

Die Entgeltliste erleichert anschließende Entgeltbuchungen wegen der Zusammenfassung von Beträgen, außerdem ist sie ein Kontrollinstrument für die Krankenkassen, welche im Rahmen von Betriebsprüfungen mit Hilfe dieser Liste die Richtigkeit der überwiesenen Beträge leicht kontrollieren können.

Fragen:

1. Wie hoch sind nach diesem Auszug die gesamten Personalaufwendungen für die DECKER GMBH (ohne Unfallversicherung)?
✍ _____ DM

2. Welchen Betrag muss die DECKER GMBH für Monat Juli an Sozialversicherungsbeiträgen an die Krankenkasse überweisen?
✍ _____ DM

---

[1] Aus Vereinfachungsgründen werden in dieser Gehaltsliste nur drei Angestellte erfasst.

Lohnsteuer-Anmeldung für das Finanzamt[1]

– Bitte weiße Felder ausfüllen oder ☒ ankreuzen und Hinweise auf der Rückseite beachten –

2000

Steuernummer			Schlüsseltext	Zeitraum
FA-Nr.	Bezirk	Unterschied-Nr.	21 62 11	siehe unten

30 Eingangsstempel oder -datum

Lohnsteuer-Anmeldung 2000
Anmeldungszeitraum
bei monatlicher Abgabe bitte ankreuzen

				bei vierteljährlicher Abgabe bitte ankreuzen	
0001 Jan.	**0007** Juli			**0041**	I. Kalender-vierteljahr
0002 Feb.	**0008** Aug.			**0042**	II. Kalender-vierteljahr
0003 März	**0009** Sept.			**0043**	III. Kalender-vierteljahr
0004 April	**0010** Okt.			**0044**	IV. Kalender-vierteljahr
0005 Mai	**0011** Nov.			bei jährlicher Abgabe bitte ankreuzen	
0006 Juni	**0012** Dez.			**0019**	Kalenderjahr

Finanzamt

....

....

....

Arbeitgeber – Anschrift der Betriebsstätte – Telefon

Berichtigte Anmeldung (falls ja, bitte eine „1" eintragen) . . . **10**

Zahl der beschäftigten Arbeitnehmer **86**

Betragsangaben in EURO (falls ja, bitte eine „1" eintragen) . . . **32**   ← **EURO**

[1]) Negativen Beträgen ist ein **Minuszeichen** voranzustellen.
[2]) Nach Abzug der im Lohnsteuer-Jahresausgleich erstatteten Beträge. [3]) Kann auf 10 Pf zu Ihren Gunsten gerundet werden.

		DM/EURO	Pf/Ct
Lohnsteuer [1]) [2]) [3])	**42**		
abzüglich an Arbeitnehmer ausgezahltes Kindergeld	**43**		
abzüglich an Arbeitnehmer ausgezahlte Bergmannsprämien	**46**		
abzüglich Kürzungsbetrag für Besatzungsmitglieder von Handelsschiffen	**33**		
Verbleiben [1])	**48**		
Solidaritätszuschlag [1]) [2])	**49**		
Evangelische Kirchensteuer - ev/lt/rf/fr [1]) [2]) [3])	**61**		
Römisch-katholische Kirchensteuer - rk [1]) [2]) [3])	**62**		
Jüdische Kultussteuer - jd [1]) [2]) [3])	**64**		
Altkatholische Kirchensteuer - ak [1]) [2]) [3])	**63**		
Gesamtbetrag [1])	**83**		

Ein Erstattungsbetrag wird auf das dem Finanzamt benannte Konto überwiesen, soweit nicht eine Verrechnung mit Steuerschulden vorzunehmen ist.

Verrechnung des Erstattungsbetrags erwünscht/Der Erstattungsbetrag ist abgetreten. (falls ja, bitte eine „1" eintragen) **29**

Geben Sie bitte die Verrechnungswünsche auf einem besonderen Blatt oder auf dem beim Finanzamt erhältlichen Vordruck „Verrechnungsantrag" an.

Die **Einzugsermächtigung** wird ausnahmsweise (z. B. wegen Verrechnungswünschen) für diesen Anmeldungszeitraum **widerrufen** (falls ja, bitte eine „1" eintragen) **26**

Ich versichere, die Angaben in dieser Steueranmeldung wahrheitsgemäß nach bestem Wissen und Gewissen gemacht zu haben.
Hinweis nach den Vorschriften der Datenschutzgesetze:
Die mit der Steueranmeldung angeforderten Daten werden aufgrund der §§ 149 ff. der Abgabenordnung und des § 41 a des Einkommensteuergesetzes erhoben.
Die Angabe der Telefonnummer ist freiwillig.

Datum, Unterschrift

Bearbeitungshinweis
1. Die aufgeführten Daten sind mit Hilfe des geprüften und genehmigten Programms sowie ggf. unter Berücksichtigung der gespeicherten Daten maschinell zu verarbeiten.
2. Die weitere Bearbeitung richtet sich nach den Ergebnissen der maschinellen Verarbeitung.

– Vom Finanzamt auszufüllen –

11   **19**

    12

Kontrollzahl und/oder Datenerfassungsvermerk

Datum, Namenszeichen/Unterschrift

– LStA – Lohnsteuer-Anmeldung 2000 –

Urheberrechtlich geschützt. Stam 1680

Nr. 646/3 (10.99)   OFD Dü-K-St 12

F.12

---

[1] Aus Vereinfachungsgründen werden in diesem Zusammenhang nur drei Angestellte erfasst.

Beitragsnachweis für die Krankenkasse[1]

BARMER
ERSATZKASSE

Barmer Ersatzkasse

_____

_____   _____

Betriebs-, Beitragskonto-Nr. des Arbeitgebers (Firmen-Nr.)

Zeitraum

von Tag	Monat	Jahr
☐☐	☐☐	☐☐☐☐

bis Tag	Monat	Jahr
☐☐	☐☐	☐☐☐☐

Zutreffendes ankreuzen

☐ Dauer-Beitragsnachweis

☐ bisheriger Dauer-Beitragsnachweis☐
gilt erneut ab nächsten Monat

☐ Kurzarbeiter-/Winterausfallgeld oder Arbeitsentgelt für☐
Altersteilzeitarbeit im Entgeltabrechnungszeitraum

☐ Korrektur-Beitragsnachweis☐
für abgelaufene Kalenderjahre

Beitragsnachweis

	Beitrags-☐ gruppe	Gesamtsumme ☐ DM[1] ☐ Euro[1]	Pf/Cent
Beiträge zur Krankenversicherung – allgemeiner Beitrag –	1000		
Beiträge zur Krankenversicherung – erhöhter Beitrag –	2000		
Beiträge zur Krankenversicherung – ermäßigter Beitrag –	3000		
Beiträge zur Krankenversicherung für geringfügig Beschäftigte	6000		
Beiträge zur Rentenversicherung der Arbeiter – voller Beitrag –	0100		
Beiträge zur Rentenversicherung der Angestellten – voller Beitrag –	0200		
Beiträge zur Rentenversicherung der Arbeiter – halber Beitrag –	0300		
Beiträge zur Rentenversicherung der Angestellten – halber Beitrag –	0400		
Beiträge zur Rentenversicherung der Arbeiter für geringfügig Beschäftigte	0500		
Beiträge zur Rentenversicherung der Angestellten für geringfügig Beschäftigte	0600		
Beiträge zur Arbeitsförderung – voller Beitrag –	0010		
Beiträge zur Arbeitsförderung – halber Beitrag –	0020		
Beiträge zur sozialen Pflegeversicherung	0001		
Zwischensumme			
Beiträge für freiwillig Krankenversicherte [2] — zur Krankenversicherung	900		
zur Pflegeversicherung	850		
zu zahlender Betrag / Guthaben			

Es wird bestätigt, dass die Angaben mit denen der Lohn- und Gehaltsunterlagen übereinstimmen und in diesen sämtliche Entgelte enthallten sind.

Datum, Stempel und Unterschrift des Arbeitgebers

154 B 0499

[1] Zutreffendes bitte ankreuzen
[2] freiwillige Angabe des Arbeitgebers

Urheberrechtlich geschützt. Stam 1680

---

[1] Aus Vereinfachungsgründen werden in diesem Zusammenhang nur drei Angestellte erfasst.

DECKER GMBH

- Interne Mitteilung -

von:	Persel/Personalabteilung
an:	Schüler/in/Personalabteilung
Datum:	..-06-28

Buchung der Gehälter

Sehr geehrte/r Frau/Herr Schüler/in,

bitte nehmen Sie die Buchungen der Gehälter selbstständig vor. Die erforderlichen Informationen (F.15) liegen dem Grundbuch (F.16) bei. Beachten Sie dabei folgende Termine:

30. Juli:

· Gehaltsabrechnung: Banküberweisung unter Einbehaltung sämtlicher Abzüge

· Buchung des Arbeitgeberanteils zur Sozialversicherung

2. August:

· Banküberweisung der vermögenswirksamen Leistungen

10. August:

· Abführung des Gesamtbetrages an das Finanzamt durch Banküberweisung
· Banküberweisung sämtlicher Sozialversicherungsbeiträge

Mit freundlichen Grüßen

i.V. Persel

F.14

Infotext: Buchung von Löhnen und Gehältern

1. Allgemeines zu Gehaltsbuchungen

- Das Konto „Gehälter" bezieht sich auf die Bruttogehälter.

- Lohn- und Kirchensteuer, Solidaritätszuschlag, Arbeitnehmeranteil zur Sozialversicherung und vermögenswirksame Leistungen (Arbeitgeber- sowie Arbeitnehmeranteil) werden vorerst vom Arbeitgeber einbehalten.

- Der Arbeitgeberbeitrag zur Sozialversicherung des Arbeitnehmers wird ebenfalls vorerst einbehalten.

- Die einbehaltenen vermögenswirksamen Leistungen werden vom Arbeitgeber überwiesen.

- Anschließend wird der Restbetrag an das Finanzamt überwiesen.

- Die Sozialversicherungsbeiträge von Arbeitnehmer und Arbeitgeber werden in einer Summe an die Krankenkasse bzw. Krankenkassen[1] überwiesen.

2. Folgende Konten werden berührt:

- Bank,

- Gehälter,

- Verbindlichkeiten gegenüber Finanzbehörden,

- Verbindlichkeiten gegenüber Sozialversicherungsträgern,

- Verbindlichkeiten aus vermögenswirksamen Leistungen,

- Arbeitgeberanteil zur Sozialversicherung.

F.15

---

[1] Diese verteilt bzw. verteilen die einzelnen Sozialversicherungsbeträge dann an die anderen Sozialversicherungsträger.

Grundbuch der Buchhaltung

	Grundbuch		
Datum	Buchungstext	Soll-betrag	Haben-betrag

F.16

5.4 Zusammenfassung und Ergänzung: Personalentlohnung

Arbeitsauftrag:

Ergänzen Sie die folgenden Lückentexte.

1. Lohnformen:

Grundsätzlich lassen sich drei Lohnformen unterscheiden: Zeitlohn, Akkordlohn und Prämienlohn.

Zeitlohn	Akkordlohn	Prämienlohn
Pro Zeiteinheit wird eine bestimmte Vergütung bezahlt. Zeitlohn eignet sich bei • Qualitätsarbeiten, • gefährlichen Arbeiten, • mengenmäßig nicht messbarer Tätigkeit, • unregelmäßigem / nicht vorherbestimmbarem Arbeitsanfall, • künstlerischer Arbeit.	Die Vergütung richtet sich nach der nachweislich erbrachten Leistung (Stückakkord, Zeitakkord). Akkordlohn eignet sich bei • Arbeiten ohne besonderen Qualitätsanspruch, • ungefährlichen Arbeiten, • mengenmäßig messbaren Tätigkeiten, • regelmäßigem und vorherbestimmbarem Arbeitsanfall.	Die Entlohnung setzt sich zusammen aus einem zeitabhängigen Grundlohn und einer leistungsabhängigen Prämie. Prämienlohn eignet sich bei Arbeiten, bei denen das Arbeitsergebnis nur in Anteilen vom Arbeitnehmer beeinflussbar ist.

2. Erstellung einer Entgeltabrechnung (Zeitlohnvergütung)

Zur Erstellung einer Entgeltabrechnung greift die Personalabteilung auf das _____ _____ zurück, welches folgende Daten für die Entgeltabrechnung enthält: Name, Personal-Nr., _____ _____ und der _____.

Zuerst wird das Grund- bzw. Tarifentgelt eingetragen. Hinzu kommen ggf. _____ _____ und der _____ _____. Diese Positionen ergeben zusammen das Bruttogehalt. Es liegt allen weiteren Berechnungen zugrunde.

Vom Bruttogehalt muss der _____ abgezogen werden, um das steuerpflichtige Bruttoentgelt zu ermitteln. Dieser Abzug soll den Arbeitnehmer bereits bei der monatlichen Besteuerung entlasten, entsprechend weniger hat er aber dann bei der Einkommensteuererklärung an Erstattungen zu erwarten. Das steuerpflichtige Bruttogehalt kann nun in der _____ _____ herausgesucht und die entsprechende Lohnsteuer, Kirchensteuer und der _____ _____ abgelesen werden. Diese drei Positionen werden in der Zwischensumme „Abzüge Steuern" erfasst.

Nach den Steuern werden nun die einzelnen Beiträge für die _____ abgezogen. Sie werden berechnet, indem der Beitragssatz der jeweiligen Versicherung mit dem _____ (merke: nicht dem steuerpflichtigen Bruttoentgelt) multipliziert und anschließend durch zwei geteilt wird, denn der Arbeitgeber trägt 50 % dieser Beiträge.[1] Arbeitnehmer, deren Bruttoentgelt über der _____ der jeweiligen Sozialversicherung liegt, zahlen nur so hohe Beiträge wie die Arbeitnehmer, die gerade den Betrag dieser Grenze verdienen. Anschließend werden diese vier Positionen in der Zwischensumme „Abzüge für Sozialversicherungsbeiträge" erfasst.

---

[1] Die einzige Ausnahme davon stellt die Unfallversicherung dar. Diese ebenfalls der Sozialversicherung zugehörige Versicherung, die den Arbeitnehmer im Falle eines Unfalles am Arbeitsplatz absichern soll, muss der Arbeitgeber zu 100 % tragen. Träger der Unfallversicherung sind die Berufsgenossenschaften.

Zieht man nun vom Bruttoentgelt die Zwischensummen „Abzüge Steuern" und die „Abzüge für Sozialversicherungsbeiträge" ab, so erhält man das _____. Dieses wird dem Arbeitnehmer allerdings noch nicht ausgezahlt, sondern um den Betrag der _____ _____ vermindert. Nettogehalt abzüglich vermögenswirksamer Leistungen[1] ergibt also den _____, welchen der Arbeitnehmer tatsächlich auf seinem Kontoauszug wieder findet.

3. Entgeltliste

Wenn für sämtliche Mitarbeiter die Entgeltabrechnungen erstellt worden sind, werden in einem monatlichen Sammelbeleg, der Entgeltliste, sämtliche eben genannten Positionen aufgeführt. Die Entgeltliste stellt eine erhebliche Vereinfachung für die Entgeltbuchungen dar, denn nun müssen nur noch die Summen (bzw. zusammengefasste Summen) gebucht werden. Außerdem ist diese Liste ein Kontrollinstrument für die Krankenkassen, welche periodisch im Rahmen von Betriebsprüfungen kontrollieren, ob der betreffende Betrieb die angefallenen Sozialversicherungsbeiträge korrekt überwiesen hat.

4. Buchung des Personalentgelts

Ordnen Sie den Konten durch Ankreuzen des richtigen Feldes die betreffenden Kontengruppen zu.

Konto	aktives Bestandskonto	passives Bestandskonto	Aufwands-konto	Ertrags-konto
Bank				
Löhne bzw. Gehälter				
Verbindlichkeiten gegenüber den Finanzbehörden				
Verbindlichkeiten gegenüber den Sozialversicherungsträgern				
Verbindlichkeiten aus vermögenswirksamen Leistungen				
Arbeitgeberanteil zur Sozialversicherung				

F.17

---

[1] bestehend aus Arbeitgeber- und Arbeitnehmeranteil, diese überweist bereits der Arbeitgeber an das jeweilige Institut

6   Personalfreisetzung

6.1   Kündigung und Kündigungsschutz

Fall: Frau Kremer wird gekündigt

Frau Kremer, 46 Jahre alt, allein erziehende Mutter von zwei Kindern, ist seit acht Jahren bei der DECKER GMBH als Sachbearbeiterin in der Einkaufsabteilung beschäftigt. Am 25. März erhält sie folgendes Schreiben ihres Arbeitgebers:

Sehr geehrte Frau Kremer,

leider müssen wir Ihr Arbeitsverhältnis zum 30. Juni beenden.

Die Entscheidung ist uns nicht leicht gefallen, doch der anhaltende Umsatzrückgang der letzten beiden Jahre zwingt uns, eine der vier Sachbearbeiterstellen in der Einkaufsabteilung aufzulösen.

Der Betriebsrat ist am 23. März informiert worden.

Für Ihren weiteren beruflichen Werdegang wünschen wir Ihnen alles Gute.

Frau Kremer ist bestürzt: Als Mutter von zwei Kindern hat sie hohe monatliche Belastungen, die einige andere Mitarbeiter, welche Jahre nach ihr in das Unternehmen gekommen sind, nicht tragen müssen. Dabei denkt sie vor allem an Frau Lampe, die erst seit Juni des Vorjahres bei der DECKER GMBH arbeitet und im Büro des Lagers tätig ist. Frau Lampe ist 16 Jahre jünger als Frau Kremer und hat keine Kinder. Frau Kremer hat Frau Lampe schon einmal im Urlaub vertreten und wäre bereit, auch ihren Arbeitsplatz zu übernehmen.

Von Frau Schramm erfährt Frau Kremer am Telefon, dass der Betriebsrat der Kündigung mit der Begründung widersprochen hat, bei der Auswahl der zu kündigenden Arbeitnehmerin seien soziale Gründe nicht ausreichend berücksichtigt worden.

Mit der Begründung, ihre Kündigung verstoße gegen das Kündigungsschutzgesetz, erhebt Frau Kremer am 17. April Klage beim Arbeitsgericht.

Arbeitsauftrag:

Beantworten Sie folgende Fragen. Nehmen Sie dazu den nachfolgenden Infotext (G.2) zu Hilfe.

1.   Ist ein Kündigungsschreiben in dieser Form rechtlich möglich?

_____

_____

_____

2. Handelt es sich um eine ordentliche oder um eine außerordentliche Kündigung? Begründen Sie Ihre Antwort.

✍ _____

_____

_____

3. Hat die DECKER GMBH die gesetzliche Kündigungsfrist eingehalten?

✍ _____

_____

4. Welche rechtliche Konsequenz zieht der Widerspruch des Betriebsrates in diesem Falle nach sich?

_____

_____

_____

5. Ist die Kündigung sozial gerechtfertigt im Sinne des § 1 Kündigungsschutzgesetz?

✍ _____

_____

_____

_____

_____

6. Erhebt Frau Kremer rechtzeitig Klage beim Arbeitsgericht? Prüfen Sie die damit verbundenen rechtlichen Konsequenzen.

✍ _____

_____

_____

G.1

Infotext: Kündigung und Kündigungsschutz

Definition: Die Kündigung ist eine einseitige, empfangsbedürftige Willenserklärung des Arbeitnehmers oder Arbeitgebers, durch die das Arbeitsverhältnis aufgelöst werden soll.

Zugang der Kündigung: Eine Kündigung gilt als zugegangen, wenn der Empfänger unter normalen Verhältnissen von ihr Kenntnis nehmen kann (z. B. übliche Briefkastenleerung, Postfachleerung, Aushändigung des Kündigungsschreibens).

Form: Eine Kündigung muss schriftlich erfolgen.

Inhalt: Der Inhalt muss deutlich und zweifelsfrei sein, muss aber nicht die Worte Kündigung oder kündigen enthalten.

Arten: Es ist zwischen „außerordentlichen" und „ordentlichen" Kündigungen zu unterscheiden.

---

1 Außerordentliche (fristlose) Kündigung

1.1 Was ist eine außerordentliche Kündigung?

Die außerordentliche Kündigung kann nur ausgesprochen werden, wenn ein wichtiger Grund (§ 626 BGB) vorliegt, sodass eine Fortsetzung des Dienstverhältnisses[1] dem Kündigenden nicht weiter zugemutet werden kann. Sie ist in der Regel fristlos.

Wichtige Gründe können z. B. sein

- für den Arbeitgeber: Diebstahl, beharrliche Arbeitsverweigerung, Tätlichkeiten, dauerndes Zuspätkommen, mangelhafte Leistung

- für den Arbeitnehmer: Nichtzahlung des Lohns, Tätlichkeiten, Einsatz in einem berufsfremden Tätigkeitsbereich.

1.2 Schutz des Arbeitnehmers vor einer außerordentlichen Kündigung

Wenn dem Arbeitnehmer Pflichtverletzungen im Zusammenhang mit seinem Arbeitsverhalten vorzuwerfen sind, ist die Voraussetzung für eine außerordentliche Kündigung mindestens eine vergebliche Abmahnung des Arbeitgebers. Liegt jedoch ein grober Vertrauensbruch vor (z. B. Missbrauch einer Vollmacht), ist keine Abmahnung erforderlich. Eine außerordentliche Kündigung ist fristlos, d. h. es wird keine Kündigungsfrist eingeräumt. Die Kündigung muss aber zwei Wochen nach Kenntniserlangung des Kündigungsgrundes ausgesprochen werden.

Wie auch bei der ordentlichen Kündigung muss der Betriebsrat vor Ausspruch der Kündigung gehört werden (§ 102 BetrVG). Im Gegensatz zur ordentlichen Kündigung kann der Betriebsrat einer außerordentlichen Kündigung jedoch nicht widersprechen, sondern hier nur Bedenken gegen die Kündigung äußern.

Letztlich bleibt dem Arbeitnehmer bis maximal drei Wochen nach Zugang der Kündigung die Möglichkeit der Klageeinreichung beim Arbeitsgericht.

G.2

---

[1]   bzw. das Abwarten der Kündigungsfrist

2 Ordentliche Kündigung

2.1 Was ist eine ordentliche Kündigung?

Im Gegensatz zur außerordentlichen Kündigung ist die ordentliche Kündigung grundsätzlich ohne wichtigen Grund möglich. Für sie gelten folgende gesetzliche Kündigungsfristen (§ 622 BGB):

Voraussetzung	Kündigungsfristen
Grundsätzliche Regelung	4 Wochen zum 15. oder Ende des Kalendermonats
Kündigung durch den Arbeitgeber bei Bestehen des Arbeitsverhältnisses von 2 Jahren .... von 5 Jahren .... von 8 Jahren .... von 10 Jahren .... von 12 Jahren .... von 15 Jahren .... von 20 Jahren	1 Monat zum Ende des Kalendermonats 2 Monate zum Ende des Kalendermonats 3 Monate zum Ende des Kalendermonats 4 Monate zum Ende des Kalendermonats 5 Monate zum Ende des Kalendermonats 6 Monate zum Ende des Kalendermonats 7 Monate zum Ende des Kalendermonats
während Probezeit bis max. 6 Monate	2 Wochen

Bei der Berechnung der Beschäftigungsdauer werden jedoch Zeiten, die vor Vollendung des 25. Lebensjahres des Arbeitnehmers liegen, nicht berücksichtigt.

2.2 Schutz des Arbeitnehmers vor einer ordentlichen Kündigung

Um zu überprüfen, ob der Arbeitnehmer eventuell Kündigungsschutz genießt und somit die ausgesprochene Kündigung unwirksam ist, müssen folgende Aspekte überprüft werden:

1. Fällt der Arbeitnehmer unter den „besonderen" Kündigungsschutz"?

Für bestimmte Arbeitnehmer gelten besonders strenge Schutzvorschriften, die sich aus verschiedenen Arbeitsgesetzen ableiten:

Arbeitnehmer-Gruppe	Besonderer gesetzlicher Kündigungsschutz
Schwerbehinderte	Eine Kündigung ist nur mit Zustimmung der Hauptfürsorgestelle zulässig (§ 15 SchwbG).
Wehrpflichtige, von der Zustellung des Einberufungsbescheides bis zur Beendigung des Grundwehrdienstes sowie während Wehrübungen	Eine Kündigung ist nicht zulässig (§ 2 Abs. 1 ArbPlSchG).
Werdende Mütter sowie Mütter während der Schwangerschaft und bis zum Ablauf von vier Monaten nach der Geburt und während des Erziehungsurlaubs	Eine Kündigung ist nicht zulässig (§ 9 Abs. 1 MuSchG)[1].
Auszubildende nach Ablauf der Probezeit	Eine Kündigung ist grundsätzlich nicht zulässig. (§ 15 Abs. 2 BBiG, Ausnahmen möglich, ebd.)
Mitglieder des Betriebsrats wie der Jugend- und Auszubildendenvertretung während ihrer Amtszeit und innerhalb eines Jahres danach	Eine Kündigung ist nicht zulässig (§ 15 KSchG).

---

[1] Der Kündigungsschutz besteht aber nur, wenn dem Arbeitgeber spätestens innerhalb von zwei Wochen nach Zugang der Kündigung die Schwangerschaft mitgeteilt wird.

G.2

2. Wurde der Betriebsrat vor der Kündigung gehört?

Hier gilt – wie auch bei der außerordentlichen Kündigung: Wurde der Betriebsrat vor der Kündigung nicht gehört, ist die Kündigung unwirksam (§ 102 BetrVG).

Bei der ordentlichen Kündigung hat der Betriebsrat jedoch weiter gehende Rechte, denn er hat im Rahmen der Anhörung die Möglichkeit unter Berufung auf einen der folgenden fünf Gründe innerhalb einer Woche schriftlich der Kündigung zu widersprechen:

- Der Arbeitgeber hat bei der Auswahl des zu kündigenden Arbeitnehmers soziale Gründe nicht ausreichend berücksichtigt (z. B. Alter, Kinderzahl, Vermögenslage).

- Die Kündigung verstößt gegen Richtlinien, die über die personelle Auswahl bei Kündigungen zwischen Arbeitgeber und Betriebsrat vereinbart wurden.[1]

- Der zu kündigende Arbeitnehmer kann an einem anderen Arbeitsplatz im selben Betrieb oder in einem anderen Betrieb des Unternehmens weiterbeschäftigt werden.

- Die Weiterbeschäftigung des Arbeitnehmers ist nach zumutbaren Umschulungs- oder Fortbildungsmaßnahmen möglich.

- Die Weiterbeschäftigung des Arbeitnehmers ist nach Vertragsänderung, mit der der Arbeitnehmer einverstanden ist, möglich.

Der zu Recht eingelegte Widerspruch des Betriebsrats aus einem der oben genannten Gründe verpflichtet den Arbeitgeber, den Arbeitnehmer unter unveränderten Arbeitsbedingungen bis zum Ende eines vom Arbeitnehmer angestrebten Kündigungsschutzprozesses weiterzubeschäftigen. Das kann für den Arbeitnehmer von entscheidender Bedeutung sein, weil solche Prozesse sehr lange dauern können. Stellt das Gericht fest, dass der Widerspruch unberechtigt war, so endet erst mit Rechtskraft der gerichtlichen Entscheidung das Arbeitsverhältnis. Der gekündigte Arbeitnehmer muss dem Arbeitgeber seine Vergütung nicht zurückzahlen.[2]

Kann der Betriebsrat keinen Widerspruch mit obiger Begründung einlegen, so besteht lediglich die Möglichkeit, dass er Bedenken gegen die Kündigung äußert. In diesem Fall muss der Arbeitgeber den Arbeitnehmer aber nicht bis zum Ende eines Arbeitsrechtprozesses weiterbeschäftigen.

Letztendlich kann der Betriebsrat natürlich auch sein Einverständnis mit der Kündigung erklären. Dann beginnt die Kündigungsfrist mit Zugang der Kündigung.

3. Ist die Kündigung sozial gerechtfertigt? (§ 1 Kündigungsschutzgesetz)

Möchte der Arbeitgeber einem Arbeitnehmer kündigen, so muss er nachweisen können, dass die ausgesprochene Kündigung sozial gerechtfertigt ist (§ 1 Abs. 2 KSchG). Dies gilt jedoch nur, wenn der gekündigte Arbeitnehmer länger als sechs Monate im Betrieb ist (Abs. 1) und der Betrieb mehr als fünf Arbeitnehmer beschäftigt (§ 23). Ist das der Fall, so gibt es nur drei Gründe, auf die sich der Arbeitgeber berufen kann, um einem Arbeitnehmer zu kündigen:

a) Der Kündigungsgrund liegt im **Verhalten des Arbeitnehmers** (z.B. der Arbeitnehmer kommt dauernd zu spät).

b) Der Kündigungsgrund liegt in der **Person des Arbeitnehmers** (z.B. der Berufsmusiker erleidet einen Hörsturz).

c) Es liegt ein dringendes **betriebliches Erfordernis** vor, das die Kündigung notwendig macht (z.B. Wegfall des Arbeitsplatzes durch Rationalisierung).

---

[1] Voraussetzung ist natürlich, dass eine solche Vereinbarung im Betrieb besteht.

[2] Die Gerichtskosten trägt die unterliegende Partei. Die außergerichtlichen Kosten, etwa für Rechtsanwälte, trägt jedoch unabhängig vom Ausgang des Rechtsstreits in der ersten Instanz vor dem Arbeitsgericht in jedem Fall jede Partei selbst.

G.2

Sollte keiner dieser Kündigungsgründe vorliegen, so ist die Kündigung sozialwidrig und der Arbeitnehmer kann sie vor einem Arbeitsgericht erfolgreich anfechten. Aber selbst wenn sich der Arbeitgeber auf einen der drei oben genannten Kündigungsgründe beruft, ist die Kündigung nicht automatisch rechtswirksam. Es gilt im Einzelfall zu prüfen:

Zu a) Ist die verhaltensbedingte Kündigung wirksam?

Verhaltensbedingten Kündigungen liegen zumeist Pflichtverletzungen aus dem Arbeitsvertrag zu Grunde. Zu den Pflichtverletzungen zählen nicht nur Verletzungen der eigentlichen Arbeitspflicht (z.B. zu geringe oder schlechte Arbeitsleistung), sondern auch Verletzungen von Nebenpflichten, die im Zusammenhang mit der Arbeitsleistung stehen (z.B. unentschuldigtes Fehlen, Missachtung von Arbeitsanweisungen, unbefugtes Verlassen des Arbeitsplatzes, Zuspätkommen zur Arbeit).

Voraussetzungen: Eine solche verhaltensbedingte Kündigung ist jedoch nur dann rechtens, wenn das betreffende Fehlverhalten des Arbeitnehmers so schwerwiegend ist, dass eine **Weiterbeschäftigung** für den Arbeitgeber **nicht zumutbar** ist. Ein unbedeutender Fehler oder ein einmaliges Fehlverhalten sind somit keine Anlässe für eine verhaltensbedingte Kündigung, die einer Anfechtung vor dem Arbeitsgericht standhalten. Darüber hinaus muss der verhaltensbedingten Kündigung in aller Regel eine Abmahnung vorausgehen. In der Praxis gilt die Faustregel: Keine Kündigung ohne Abmahnung.

Zu b) Ist die personenbedingte Kündigung wirksam?

Im Unterschied zur verhaltensbedingten Kündigung liegen bei der personenbedingten Kündigung Gründe vor, für die den Arbeitnehmer kein direktes Verschulden trifft. Der häufigste personenbedingte Kündigungsgrund ist die Krankheit des Arbeitnehmers (z.B. der Bauarbeiter erleidet einen Bandscheibenvorfall und kann in der Folge nicht mehr schwer heben).

Voraussetzungen: Eine solche personenbedingte Kündigung ist jedoch nur dann sozial gerechtfertigt, wenn eine **Weiterbeschäftigung** des Arbeitnehmers für den Arbeitgeber **unzumutbar** ist (z.B. bei Dauererkrankungen oder Erkrankungen in häufigen Schüben mit vorhersehbaren langen Fehlzeiten, aber auch bei häufigen Kurzerkrankungen). Einmalige Erkrankungen mit Aussicht auf vollständige Wiederherstellung rechtfertigen noch keine personenbedingte Kündigung, selbst wenn der Heilungsprozess länger andauert. Eine Weiterbeschäftigung ist dann zumutbar, die Kündigung anfechtbar.

Zu c) Ist die betriebsbedingte Kündigung wirksam?

Betriebsbedingten Kündigungen liegen zumeist dringende innerbetriebliche Umstände (z.B. Umstellung der Produktion) oder dringende außerbetriebliche Umstände (z.B. Auftragsmangel oder Umsatzrückgang) zu Grunde. In diesen Fällen ist der Unternehmer gezwungen, einem Arbeitnehmer zu kündigen, um unmittelbar drohende Nachteile für das Unternehmen abzuwenden.

Voraussetzungen: Eine solche betriebsbedingte Kündigung ist jedoch nur dann rechtswirksam, wenn eine **Weiterbeschäftigung** des Arbeitnehmers an diesem oder einem anderen Arbeitsplatz im selben Betrieb oder in einem anderen Betrieb des Unternehmens nachweislich **nicht möglich** ist. Der Arbeitnehmer kann seine Weiterbeschäftigung auch dann verlangen und so eine betriebsbedingte Kündigung abwenden, wenn er bereit ist, sich durch eine entsprechende Umschulungs- und Fortbildungsmaßnahme für einen neuen oder anderen freien Arbeitsplatz im Unternehmen zu qualifizieren. Sollte jedoch eine Weiterbeschäftigung unmöglich sein und somit eine betriebsbedingte Kündigung nicht vermieden werden können, so verlangt das Kündigungsschutzgesetz vom Arbeitgeber, dass er bei der **Auswahl** des zu kündigenden Arbeitnehmers **soziale Gesichtspunkte** wie z.B. Lebensalter, Dauer der Betriebszugehörigkeit oder Unterhaltspflichten angemessen berücksichtigt. Sollte dies nicht geschehen sein, so kann der Arbeitnehmer die Kündigung als sozialwidrig anfechten.
Auch hier bleiben dem Arbeitnehmer maximal drei Wochen mach Zugang der Kündigung zur Klageeinreichung beim Amtsgericht. Ansonsten ist die Kündigung wirksam.

G.2

Arbeitsauftrag:

Fassen Sie diesen Infotext (G.2) zusammen, indem Sie das nachfolgende Prüfschema (G.3) ausfüllen.

Prüfschema: Ordentliche Kündigung und Kündigungsschutz

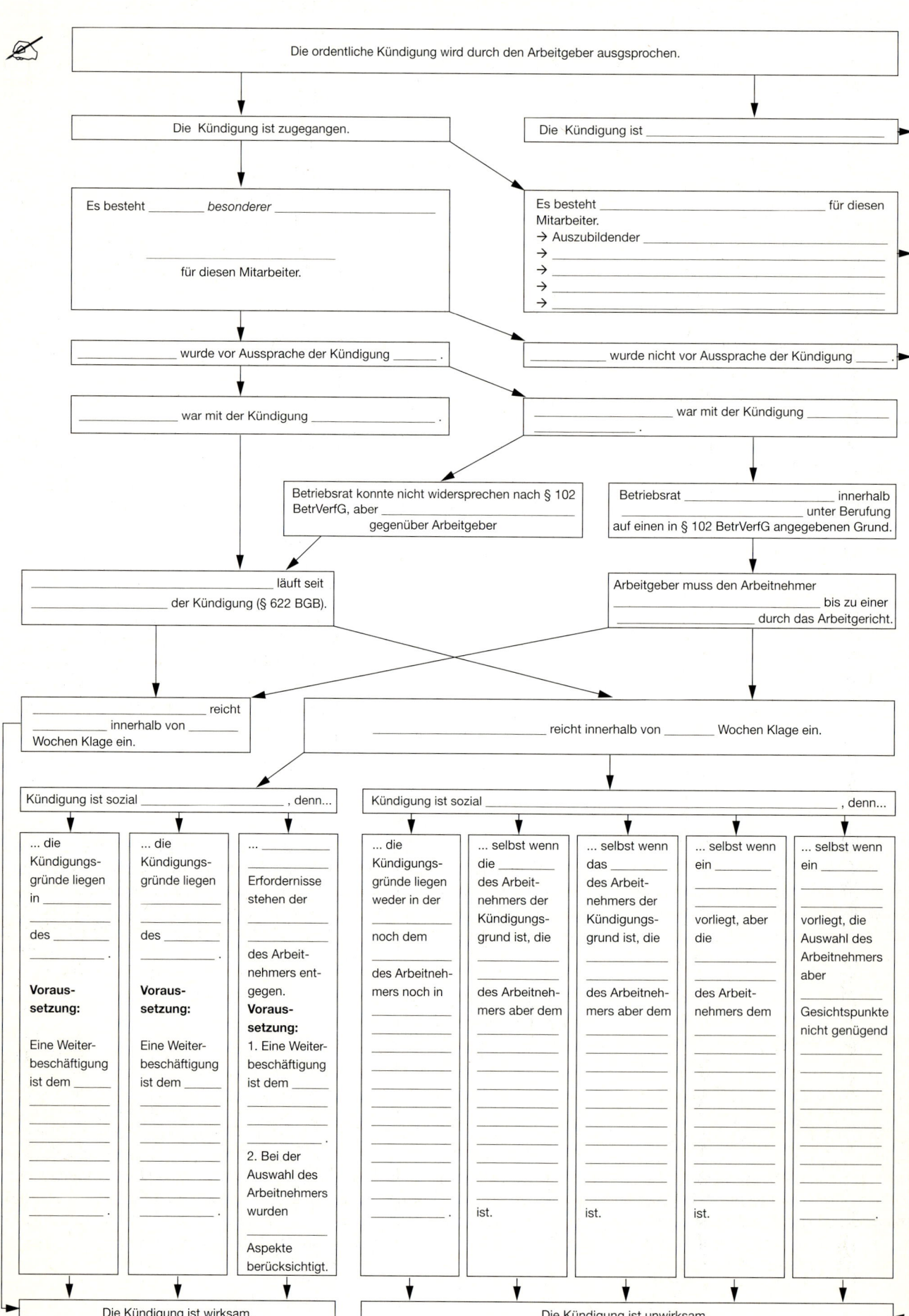

Die ordentliche Kündigung wird durch den Arbeitgeber ausgesprochen.

Die Kündigung ist zugegangen.

Die Kündigung ist _____

Es besteht _____ *besonderer* _____

_____ für diesen Mitarbeiter.

Es besteht _____ für diesen Mitarbeiter.
→ Auszubildender _____
→ _____
→ _____
→ _____
→ _____

_____ wurde vor Aussprache der Kündigung _____.

_____ wurde nicht vor Aussprache der Kündigung _____.

_____ war mit der Kündigung _____.

_____ war mit der Kündigung _____.

Betriebsrat konnte nicht widersprechen nach § 102 BetrVerfG, aber _____ gegenüber Arbeitgeber

Betriebsrat _____ innerhalb _____ unter Berufung auf einen in § 102 BetrVerfG angegebenen Grund.

_____ läuft seit _____ der Kündigung (§ 622 BGB).

Arbeitgeber muss den Arbeitnehmer _____ bis zu einer _____ durch das Arbeitgericht.

_____ reicht _____ innerhalb von _____ Wochen Klage ein.

_____ reicht innerhalb von _____ Wochen Klage ein.

Kündigung ist sozial _____, denn...

Kündigung ist sozial _____, denn...

| ... die Kündigungs-gründe liegen in _____ _____ des _____ _____. **Voraussetzung:** Eine Weiter-beschäftigung ist dem _____ _____ _____ _____ _____ _____. | ... die Kündigungs-gründe liegen _____ des _____ _____. **Voraussetzung:** Eine Weiter-beschäftigung ist dem _____ _____ _____ _____ _____. | ... _____ Erfordernisse stehen der _____ des Arbeit-nehmers ent-gegen. **Voraussetzung:** 1. Eine Weiter-beschäftigung ist dem _____ _____ _____. 2. Bei der Auswahl des Arbeitnehmers wurden _____ Aspekte berücksichtigt. | ... die Kündigungs-gründe liegen weder in der _____ noch dem _____ des Arbeitneh-mers noch in _____ _____ _____ _____. | ... selbst wenn die _____ des Arbeit-nehmers der Kündigungs-grund ist, die _____ des Arbeitneh-mers aber dem _____ _____ _____ _____ ist. | ... selbst wenn das _____ des Arbeit-nehmers der Kündigungs-grund ist, die _____ des Arbeitneh-mers aber dem _____ _____ _____ _____ ist. | ... selbst wenn ein _____ _____ vorliegt, aber die _____ des Arbeit-nehmers dem _____ _____ _____ _____ ist. | ... selbst wenn ein _____ _____ vorliegt, die Auswahl des Arbeitnehmers aber _____ Gesichtspunkte nicht genügend _____. |

Die Kündigung ist wirksam.

Die Kündigung ist unwirksam.

G.3

Fälle zum Kündigungsschutzgesetz

Arbeitsauftrag:

Tragen Sie die Lösungen zuerst mit Bleistift wie unten skizziert, später mit den entsprechenden Farben in durchgehenden Linien im Prüfschema G.3 ein.

Fall 1: Herr Schwarz (- - - -)

Herr Schwarz, seit dem 1. Januar bei der Maschinenfabrik Kuhlmann GmbH (vierzig Mitarbeiter) als Schlosser beschäftigt, wird am 14. September zum Ende des folgenden Kalendermonats mit der Begründung gekündigt, sein Arbeitsplatz werde mit der Anschaffung neuer CNC-Systeme überflüssig, für deren Bedienung er leider nicht ausreichend qualifiziert sei. Der Betriebsrat wurde vor der Kündigung gehört und legte Widerspruch ein mit der Begründung, Schwarz sei bereit und in der Lage, sich durch eine Weiterbildungsmaßnahme für diesen Arbeitsplatz zu qualifizieren. Am 2. Oktober des Jahres reicht Schwarz beim Arbeitsgericht Klage ein.

Fall 2: Frau Blau (········)

Am 21. Dezember des Jahres wird Frau Blau, einzige Buchhalterin seit vier Jahren und Betriebsratsmitglied der Tischlerei Mohrmann KG (zwölf Mitarbeiter), gekündigt mit der Begründung, ihre seit Jahren andauernde Krankheit mit den damit verbundenen Fehlzeiten sei für den Kleinbetrieb nicht mehr zumutbar. Der Betriebsrat wurde vor der Kündigung gehört und legte noch am selben Tag Widerspruch ein. Frau Blau erhebt am 2. Januar Klage beim Arbeitsgericht.

Fall 3: Herr Gelb (- · - · - ·)

Herr Gelb, seit einem Jahr Mitarbeiter der Schröder KG, ist aufgrund seiner Alkoholabhängigkeit immer öfter nicht im Dienst erschienen. Da die Unternehmensleitung diesen Zustand als nachweislich nicht mehr zumutbar einstuft, wird der Betriebsrat am 1. Januar darüber informiert, dass Gelb die Kündigung ausgesprochen werden solle. Der Betriebsrat wendet gegen diese Entscheidung ein, dass Gelb seinen Zustand nicht selbst verschuldet habe, sondern krank sei und verweist auf ein entsprechendes Attest. Gelb wird dennoch am darauf folgenden Tag gekündigt. Er legt am 10. Januar Klage beim Arbeitsgericht ein.

Fall 4: Frau Grün (∧∧∧∧∧)

Frau Grün ist seit drei Jahren im Vertrieb des Pharmagroßhandels Fahrfix (zwanzig Mitarbeiter) damit beschäftigt, Apotheken zu beliefern. Nachdem sie mehrfach Medikamente für den Eigengebrauch entwendet hat, erhält sie am 20. Mai eine ordentliche Kündigung von ihrer Personalabteilung mit der Begründung, eine Weiterbeschäftigung sei für das Unternehmen nicht zumutbar. Der Betriebsrat, der am 18. Mai gehört wurde, teilte dem Arbeitgeber am 25. Mai seine Bedenken mit. Frau Grün legt am 25. Mai Klage beim Arbeitsgericht ein.

Fall 5: Frau Rot (∧∧∧∧∧)

Das Küchenmöbelunternehmen Pockenkohl aus Thüringen (dreihundert Mitarbeiter) erfährt drastische Umsatzrückgänge, nachdem der russische Großkunde Pschrynowskaja (Nähe Nowosibirsk) seine Geschäftätigkeit vollständig eingestellt hat. Der Arbeitsplatz von Frau Rot in der Exportabteilung wird daraufhin überflüssig. Am 8. Oktober des Jahres informiert die Unternehmensleitung den Betriebsrat über die geplante Kündigung. Der Betriebsrat widerspricht am 12. Oktober mit der Begründung, bei der Auswahl von Frau Rot seien soziale Gesichtspunkte unzureichend berücksichtigt worden. Frau Rot ist allein erziehend und 50 Jahre alt. Als sie am 10. Oktober des Jahres die Kündigung erhält, erklärt sie ihrem Anwalt, sie könne die Arbeit von Frau Schrull (35 Jahre alt, kein Kind) aus der Abteilung Einkauf übernehmen, da sie diese in den letzten Jahren ohnehin mehrfach vertreten hätte. Wie wird der Anwalt von Frau Rot argumentieren und wann wird er welche Schritte einleiten?

6.2 Zusammenfassung und Ergänzung: Kündigung und Kündigungsschutz

Arbeitsauftrag:

Ergänzen Sie die folgenden Lückentexte.

1. Außerordentliche Kündigung

Der außerordentlichen (fristlosen) Kündigung muss ein so genannter _____ zu Grunde liegen, wie z. B. beharrliche Arbeitsverweigerung des Arbeitnehmers oder Nichtzahlung von Lohn oder Gehalt durch den Arbeitgeber. Nur wenn die Fortsetzung des Dienstverhältnisses bis zum Ablauf der Kündigungsfrist nicht _____ ist, sind die Voraussetzungen für eine außerordentliche Kündigung gegeben. Eine vorherige _____ ist dabei grundsätzlich erforderlich, es sei denn, der wichtige Grund berührt empfindlich den Vertrauensbereich des Betroffenen (z. B. Tätlichkeiten, Diebstahl ...). Dabei muss der Kündigende innerhalb von zwei Wochen, nachdem er von dem Kündigungsgrund erfahren hat, die Kündigung aussprechen. Legt der Arbeitnehmer nicht innerhalb von _____ nach Zugang der Kündigung Klage beim Arbeitsgericht ein, ist die Kündigung automatisch wirksam.

2. Ordentliche Kündigung

Anders als die außerordentliche Kündigung ist die ordentliche Kündigung mit gesetzlichen _____ _____ verbunden. Sie unterscheidet sich von der außerordentlichen Kündigung überdies dadurch, dass sie keinen _____ voraussetzt[1].

Die Arbeitgeber, deren Arbeitnehmer durch das Kündigungsschutzgesetz geschützt sind, müssen dagegen bei einer Kündigung nachweisen, dass die Kündigungsgründe in der _____ oder dem _____ des Arbeitnehmers liegen oder dessen Kündigung _____ erforderlich ist. Außerdem muss eine Weiterbeschäftigung für den Arbeitgeber _____ sein. Ist das Verhalten des Arbeitnehmers der Kündigungsgrund, so ist auch hier eine vorherige _____ erforderlich, es sei denn, der wichtige Grund berührt empfindlich den Vertrauensbereich des Arbeitgebers (s.o.). Auch hier gilt: Legt der Arbeitnehmer nicht innerhalb von _____ nach Zugang der Kündigung Klage beim Arbeitsgericht ein, ist die Kündigung automatisch wirksam.

3. Rolle des Betriebsrats

Bevor die außerordentliche wie auch die ordentliche Kündigung ausgesprochen wird, muss der Betriebsrat _____, sonst ist jede Kündigung _____. Im Falle der ordentlichen Kündigung kann der Betriebsrat unter Berufung auf einen der Gründe nach § 102 BetrVG innerhalb einer Woche der Kündigung _____. In diesem Fall muss der Arbeitgeber den Arbeitnehmer bis zum Ende eines möglichen Prozesses vor dem Arbeitsgericht _____.

4. Besonderer Kündigungsschutz für bestimmte Personengruppen

Bestimmte Personengruppen genießen einen besonderen Kündigungsschutz, welcher in verschiedenen Arbeitsgesetzen verankert ist. Zu diesen Personengruppen gehören _____ _____, Wehrpflichtige, werdende Mütter bzw. Mütter unmittelbar nach der Geburt, _____ _____ nach der Probezeit sowie _____ und Mitglieder der Jugend- und Auszubildendenvertretung während ihrer Amtszeit und innerhalb eines Jahres danach. Für sie sind Kündigungen _____ oder nur unter ganz bestimmten Voraussetzungen möglich.

---

[1] Das Kündigungsschutzgesetz gilt nicht bei Betrieben mit in der Regel zehn oder weniger Arbeitnehmern (ohne Auszubildende) und den Arbeitnehmern, die noch nicht länger als sechs Monate in diesem Betrieb beschäftigt sind.

G.5

7 Arbeitszeugnis

7.1 Einfaches und qualifiziertes Arbeitszeugnis

Frau Kremer verlässt die DECKER GMBH. Nach dem Gesetz[1] hat sie nun, wie jeder andere ausscheidende Arbeitnehmer[2], Anspruch auf ein Arbeitszeugnis. Dieses muss schriftlich und in ordentlicher Form (mit Briefkopf des Unternehmens, frei von Flecken usw.) abgefasst sein und die Unterschrift des Arbeitgebers enthalten.

Grundsätzlich gibt es **zwei Arten von Arbeitszeugnissen:**

1. Das einfache Arbeitszeugnis

Es enthält Angaben

- zur Person (ohne Bewertung),
- zur Dauer der Beschäftigung,
- zur Art der Beschäftigung[3].

2. Das qualifizierte Arbeitszeugnis

Es enthält Angaben

- zur Person (ohne Bewertung),
- zur Dauer der Beschäftigung,
- zur Art der Beschäftigung,
- zu Führung und Leistung.

Auf Verlangen des Arbeitnehmers hat der Arbeitgeber Angaben zu Führung und Leistung mit in das Zeugnis aufzunehmen, also ein qualifiziertes Zeugnis zu erstellen.

Arbeitsauftrag:

Ordnen Sie durch Ankreuzen zu, um was für eine Art von Angabe es sich bei den folgenden Zeugnisformulierungen handelt und in welchem Zeugnis sie erscheinen kann:

Zeugnisformulierung	Angaben zu/zur					Art des Zeugnisses	
	Person (ohne Bewertung)	Dauer der Beschäftigung	Art der Beschäftigung	Führung	Leistung	einfach	qualifiziert
... unserer vollsten Zufriedenheit ...							
..., geboren am 1. Februar 1972, ...							
... ist seit dem 5. Juni 20.. in unserem Unternehmen beschäftigt.							
... war in der Buchhaltung beschäftigt.							
... war immer pünktlich ...							
... war ein angenehmer Mitarbeiter ...							
... wohnhaft in ...							
... im Großen und Ganzen zufrieden							
... war mit der Prüfung von Eingangs-rechnungen und der Kontrolle der Zahlungs-eingänge betraut.							
... hatte großes Einfühlungsvermögen für seine Mitarbeiter ...							
... erledigte alle Aufgaben ordnungsgemäß.							
... unseren Erwartungen entsprochen ...							

H.1

---

[1] Hier können mehrere Gesetze angeführt werden: § 630 BGB, § 73 HGB, § 113 GewO, § 8 BBiG.

[2] Dazu gehören auch die Auszubildenden.

[3] Konkret: die einzelnen Tätigkeitsbereiche des Arbeitnehmers.

7.2 Wichtige Formulierungen in Arbeitszeugnissen und ihre Bedeutung

Fall: Frau Kremer erhält ein Zeugnis

Da Frau Kremer mit ihren Leistungen zufrieden ist, hat sie sich für ein qualifiziertes Zeugnis entschieden. Nach etwa einer Woche wird ihr folgendes Zeugnis ausgehändigt:

DECKER GMBH

Arbeitszeugnis

Frau Margarete Kremer, geboren am 12. Mai 1955 in Köln, war vom 1. Januar 19.. bis zum 30. Juni 20.. in unserem Unternehmen als Sachbearbeiterin im Einkauf beschäftigt.

Ihr Tätigkeitsbereich umfasste die Gestaltung von Preislisten, die Einholung und Prüfung von Angeboten, die Auftragseinholung im Rahmen des Sortiments, die Überprüfung der Eingangsrechnungen sowie die Führung und Auswertung der Einkaufsstatistiken.

Wir lernten Frau Kremer als stets pünktliche Mitarbeiterin kennen, die mit großem Fleiß und Interesse ihre Arbeit erledigte. Die ihr übertragenen Aufgaben erledigte Frau Kremer im Großen und Ganzen zu unserer Zufriedenheit. Im Kollegenkreis galt Frau Kremer als umgängliche und tolerante Kollegin.

Frau Kremer verlässt uns aus organisatorischen Gründen.

Köln, 31. Mai 20..

i. V. Persel

DECKER GMBH
Köln

Geschäftsräume	Telefon	Telefax	Stadtsparkasse Köln
Escher Str. 5	(02 21) 99 99 99	(02 21) 99 99 98	(BLZ 300 501 10)
50733 Köln			Konto-Nr.12 13 14 15

Arbeitsauftrag:

1. Prüfen Sie, ob das Zeugnis formal in Ordnung ist.

   ✎ _____

2. Versuchen Sie, das vorliegende Zeugnis in einer einzigen Gesamtnote zusammenzufassen.

   ✎ Geschätzte Gesamtnote: _____

Bedeutung der einzelnen Formulierungen

Der Gesetzgeber schreibt vor, dass Angaben zu Führung und Leistung in Arbeitszeugnissen zwar einerseits der Wahrheit entsprechen müssen, aber andererseits von „verständigem Wohlwollen" des Arbeitgebers getragen sein sollen; direkte negative Beurteilungen dürfen nicht aufgenommen werden[1]. Um arbeitsrechtlichen Auseinandersetzungen vorzubeugen, wählen die meisten Arbeitgeber daher auch dann positive Zeugnisformulierungen, wenn sie eine negative Bewertung des Arbeitnehmers zum Ausdruck bringen wollen. Auf diese Weise hat sich ein so genannter „Zeugniscode" entwickelt, welcher eine verschlüsselte tatsächliche Bewertung von Arbeitnehmern ermöglicht. Dieser Code ist nirgends offiziell festgelegt und kann daher immer wieder geringfügig unterschiedlich ausfallen. Die im Folgenden aufgeführten Formulierungen sind in Deutschland jedoch überwiegend geläufig[2]:

Arbeitsauftrag 1:

Ordnen Sie für die folgenden vier Bereiche die angegebenen Zeugnisformulierungen den tatsächlichen Bewertungen zu, indem Sie sie (mit Bleistift) in das linke Feld eintragen.

a) Gesamtbenotung

Formulierung im Arbeitszeugnis:
... stets zu unserer vollsten Zufriedenheit ...
... hat sich bemüht ...
... zu unserer vollen Zufriedenheit ...
... im Großen und Ganzen zu unserer Zufriedenheit ...
... zu unserer Zufriedenheit ...
... stets zu unserer vollen Zufriedenheit ...

Formulierung im Arbeitszeugnis	Tatsächliche Bewertung
	sehr gute Leistungen
	gute Leistungen
	befriedigende Leistungen
	ausreichende Leistungen
	mangelhafte Leistungen
	ungenügende Leistungen

b) Leistungsbereich

Formulierung im Arbeitszeugnis:
... hat alle Arbeiten ordnungsgemäß erledigt ...
... erledigte alle Arbeiten mit Fleiß und großem Interesse ...
... hatte stets einen Blick für das Wesentliche ...
... bemühte sich, den Anforderungen gerecht zu werden ...
... war wegen seiner Pünktlichkeit ein gutes Vorbild ...
... hat sich im Rahmen seiner Fähigkeiten eingesetzt ...

Formulierung im Arbeitszeugnis	Tatsächliche Bewertung
	schwache Leistungen
	hat versagt
	tat was er konnte, aber das war nicht viel
	sehr gute Leistungen
	war eifrig aber nicht tüchtig
	Bürokrat ohne Initiative

H.3

[1] Vgl. Olfert, K., Steinbuch, P. A., Personalwirtschaft, Ludwigshaven 1993, S. 138 ff.
[2] Vgl. ebenda, S. 140 f., und Siewert, Horst H., Arbeitszeugnisse, München 1992, S. 119 ff.

c) Persönlicher Bereich

Formulierung im Arbeitszeugnis:

... mit seinen Vorgesetzten ist er gut zurechtgekommen ...

... galt im Kollegenkreis als toleranter Mitarbeiter ...

... zeigte persönliches Format ...

... war jederzeit verbindlich und korrekt ...

... hatte großes Einfühlungsvermögen ...

... war tüchtig und wusste sich gut zu verkaufen ...

... galt als umgänglicher Kollege ...

Formulierung im Arbeitszeugnis	Tatsächliche Bewertung
	war ein unangenehmer Mitarbeiter
	angepasster Mitläufer
	guter Mitarbeiter
	für Vorgesetzte ein schwerer Brocken
	war unbeliebt
	stellt den Frauen nach
	genoss guten Ruf

d) Schlussformulierung

Formulierung im Arbeitszeugnis:

... das Ausscheiden erfolgt in gegenseitigem Einvernehmen ...

... für den weiteren Lebensweg wünschen wir viel Glück und Erfolg und danken für die positive Zusammenarbeit ...

... das Ausscheiden erfolgt aus organisatorischen Gründen ...

... das Ausscheiden erfolgt auf eigenen Wunsch ...

... sehen wir uns nicht in der Lage, den Mitarbeiter weiterzubeschäftigen ...

Formulierung im Arbeitszeugnis	Tatsächliche Bewertung
	exzellenter Mitarbeiter, wir hätten ihn gern behalten
	Mitarbeiter hat gekündigt (neutrale Formulierung)
	schlechter Mitarbeiter
	gravierende Mängel, telefonische Erkundigung wird empfohlen
	dem Arbeitnehmer wurde gekündigt

Arbeitsauftrag 2:

H.3 Übersetzen Sie nun das Zeugnis von Frau Kremer in Ihrem Heft und vergleichen Sie das Ergebnis mit Ihrer vorherigen Einschätzung. Kommen Sie zu demselben Ergebnis?

7.3 Zeugnisberichtigung

Frau Kremer erscheint die Benotung zu schlecht. Sie fühlt sich ungerecht behandelt und möchte eine Zeugnisberichtigung durchsetzen. Aus diesem Grunde wendet sie sich an den Betriebsrat, um sich zu erkundigen, ob sie etwas gegen das Zeugnis tun kann.

Leider ist Frau Schramm vom Betriebsrat an diesem Morgen etwas in Eile und Frau Kremer kann nur in Stichworten deren wichtigste Empfehlungen in ungeordneter Reihenfolge aufschreiben.

a) Die einzelnen Schritte einer Zeugnisberichtigung

- Prozess führen
- Güteverhandlung einleiten, in der versucht wird, mit Hilfe des Arbeitsrichters eine gütliche Einigung mit dem Arbeitgeber zu erreichen
- Überprüfen der eigenen Selbsteinschätzung
- Überprüfen, ob beim Aufsetzen des Zeugnisses irrtümlich negative Formulierungen eingegangen sind
- Überprüfen, ob die dem Zeugnis zu Grunde liegende Beurteilung wirklich so gemeint war

b) Die zugehörigen Ansprechpartner bzw. Orte

- Arbeitsgericht
- Vorgesetzter
- Personalabteilung
- Frau Kremer selbst

Arbeitsauftrag:

Helfen Sie Frau Kremer, die vorliegenden Schritte in eine sinnvolle Reihenfolge zu bringen, indem Sie die oben aufgeführten Schritte in die mittlere Spalte übertragen. Tragen Sie anschließend in das zugehörige Feld auf der rechten Seite ein, an wen Frau Kremer sich jeweils wenden sollte.

Reihenfolge	Schritt	Ansprechpartner bzw. Ort
1		
2		
3		
4		
5		

H.4

7.4 Zusammenfassung und Ergänzung: Arbeitszeugnis

Arbeitsauftrag:

Ergänzen Sie die folgenden Lückentexte.

---

1. Einfaches und qualifiziertes Arbeitszeugnis

Jeder ausscheidende Arbeitnehmer hat Anspruch auf ein Zeugnis. Grundsätzlich unterscheidet man zwei Arten von Arbeitszeugnissen: das einfache und das qualifizierte Arbeitszeugnis.

Das einfache Arbeitszeugnis enthält lediglich Angaben zur _____, _____ und _____ der Beschäftigung, wobei die Art der Beschäftigung ausführlich dargestellt werden muss. Es beinhaltet also keinerlei _____ des Arbeitnehmers. Auf Verlangen des Arbeitnehmers hat der Arbeitgeber jedoch auch Angaben über _____ des Arbeitnehmers in das Zeugnis aufzunehmen. In diesem Fall handelt es sich um ein qualifiziertes Arbeitszeugnis.

2. „Zeugniscode" im qualifizierten Zeugnis

Nach geltendem Arbeitsrecht sollen die Angaben über Führung und Leistung im qualifizierten Zeugnis von verständigem _____ des Arbeitgebers getragen sein und dürfen das weitere Fortkommen des Arbeitnehmers nicht unnötig erschweren.[1] Dabei dürfen keine einmaligen Vorfälle, die für die Gesamtbeurteilung nicht charakteristisch sind, in das Zeugnis aufgenommen werden. Gleichzeitig muss das Zeugnis – auch im Interesse des zukünftigen Arbeitgebers – wahr sein.

Diese arbeitsrechtlichen Vorgaben führten im Laufe der Jahre zur Entwicklung eines verbreiteten _____, der nur aus wohlwollenden Formulierungen besteht, in Wirklichkeit aber auch _____ Beurteilungen enthalten kann. In der Praxis gibt es zwar keinen streng abgegrenzten und jeder Personalabteilung gleichermaßen bekannten Einheitscode, dennoch sind einige dieser Formulierungen in ihrer Bedeutung unumstritten.

Die Führungs- und Leistungsbeurteilung lässt sich grundsätzlich folgendermaßen unterteilen:[2]

- _____ des Arbeitnehmers,
- _____ (dienstliche Beurteilung des Arbeitnehmers),
- _____ (menschliche Beurteilung des Arbeitnehmers),
- _____ (abschließende Kommentierung).

3. Schritte einer Zeugniskorrektur

Enthält das Zeugnis unwahre Aussagen oder Beurteilungen, kann der Arbeitnehmer die Ausstellung eines neuen Zeugnisses verlangen. Dabei sollte er in einem ersten Schritt eine kritische _____ vornehmen, dann die dem Zeugnis zugrunde liegende Beurteilung überprüfen und anschließend kontrollieren, ob die Formulierungen im Zeugnis bewusst gewählt worden sind. Ist das der Fall und ist der Arbeitnehmer nach wie vor davon überzeugt, dass sein Zeugnis nicht angemessen ist, so kann er eine _____ – und bei Misserfolg einen _____ – beim Arbeitsgericht einleiten. Im Streitfall sind die Arbeitsgerichte befugt, das Zeugnis zu überprüfen und unter Umständen selbst neu zu formulieren. In diesem Fall muss der Arbeitgeber die neuen Formulierungen in das Zeugnis aufnehmen und es unter dem ursprünglichen Datum neu verfassen.[3]

H.5

---

[1] Urteil vom 23.06.1960, DB 1960, S. 1042.
[2] Siewert, H. H., Arbeitszeugnisse, 2. Auflage, München 1992, S. 115 ff.
[3] Halbach, G. u. a., Übersicht über das Arbeitsrecht, 5. Neuüberarbeitete Auflage, Coburg 1994, S. 193.